Timo Kautzmann

Die mobile Arbeitsmaschine als komplexes System

Karlsruher Schriftenreihe Fahrzeugsystemtechnik
Band 23

Herausgeber
FAST   Institut für Fahrzeugsystemtechnik
Prof. Dr. rer. nat. Frank Gauterin
Prof. Dr.-Ing. Marcus Geimer
Prof. Dr.-Ing. Peter Gratzfeld
Prof. Dr.-Ing. Frank Henning

Das Institut für Fahrzeugsystemtechnik besteht aus den eigenständigen Lehrstühlen für Bahnsystemtechnik, Fahrzeugtechnik, Leichtbautechnologie und Mobile Arbeitsmaschinen

Eine Übersicht über alle bisher in dieser Schriftenreihe erschienenen Bände finden Sie am Ende des Buchs.

Die mobile Arbeitsmaschine als komplexes System

von
Timo Kautzmann

Dissertation, Karlsruher Institut für Technologie (KIT)
Fakultät für Maschinenbau, 2013

Impressum

Scientific
Publishing

Karlsruher Institut für Technologie (KIT)
KIT Scientific Publishing
Straße am Forum 2
D-76131 Karlsruhe

KIT Scientific Publishing is a registered trademark of Karlsruhe
Institute of Technology. Reprint using the book cover is not allowed.

www.ksp.kit.edu

Print on Demand 2014

ISSN 1869-6058
ISBN 978-3-7315-0187-9
DOI: 10.5445/KSP/1000039390

Vorwort des Herausgebers

Das Einsatzspektrum mobiler Arbeitsmaschinen ist bei Universalmaschinen, wie z. B. einem Traktor, sehr variantenreich. Aufgrund der vielfältigen hieraus resultierenden Anforderung besitzen die Maschinen einen großen Funktionsumfang, der von einem Bediener beherrscht werden muss. Der Einsatz elektronischer Steuerungen, die den Bediener unterstützen und von Routinetätigkeiten entlasten, ist daher in diesen Maschinen heute Stand der Technik.

Durch weitere Freiheitsgrade, wie z. B. die Einführung von Hybridantrieben, wird die Komplexität der Fahrzeuge weiter gesteigert. Die heutigen Steuerungen kommen daher in Bezug auf eine Gesamtmaschinenoptimierung an ihre Grenzen.

Die Karlsruher Schriftenreihe Fahrzeugsystemtechnik will einen Beitrag leisten, neue Steuerungskonzepte zu erforschen um die Fahrzeuge sicherer und einfach beherrschbar zu machen. Für die Fahrzeuggattungen Pkw, Nfz, Mobile Arbeitsmaschinen und Bahnfahrzeuge werden Forschungsarbeiten vorgestellt, die Fahrzeugtechnik auf vier Ebenen beleuchten: das Fahrzeug als komplexes mechatronisches System, die Fahrer-Fahrzeug-Interaktion, das Fahrzeug im Verkehr und Infrastruktur sowie das Fahrzeug in Gesellschaft und Umwelt.

Im Band 23 wird die Steuerungsstruktur des Organic Computing auf einen Traktor übertragen. Diese Steuerungsstruktur fällt in den Bereich der kontrollierten Selbstorganisation und hat die Fähigkeit, lernfähig zu sein und sich selbst organisieren zu können. Herr Kautzmann erläutert den Aufbau einer OC-Architektur für einen Traktor und formuliert als Optimierungsproblem die Minimierung des Kraftstoffverbrauchs.

Mit Hilfe simulationsgestützter Methoden zeigt Herr Kautzmann, welches Potential zur Optimierung des Traktors das Organic Computing besitzt. An verschiedenen Arbeitsaufgaben diskutiert er das Ergebnis kritisch.

Karlsruhe, im Dezember 2013   *Prof. Dr.-Ing. Marcus Geimer*

Die mobile Arbeitsmaschine
als komplexes System

Erörterungen, Konsequenzen und alternative
Steuerungssysteme

Zur Erlangung des akademischen Grades
Doktor der Ingenieurwissenschaften
der Fakultät für Maschinenbau
Karlsruher Institut für Technologie (KIT)

genehmigte
Dissertation
von

Dipl.-Ing. Timo Kautzmann

Tag der mündlichen Prüfung: 19.12.2013
Hauptreferent: Prof. Dr.-Ing. Marcus Geimer
Korreferent: Prof. Dr. Hartmut Schmeck

Kurzfassung

Komplex ist heutzutage bei der Beschreibung des Aufbaus und der Funktionsweise technischer Systeme häufig verwendetes Adjektiv, ohne oftmals die genaue Bedeutung davon zu kennen. Dies trifft ebenfalls im Zusammenhang mit mobilen Arbeitsmaschinen zu. Diese Arbeit setzt sich daher zunächst mit der wissenschaftlichen Fragestellung auseinander, inwieweit sich mobile Arbeitsmaschinen heute zu komplexen Systemen hin entwickelt haben. Es zeigt sich daraus, dass moderne mobile Arbeitsmaschinen in vielen Aspekten als komplex bezeichnet werden können. Die Auseinandersetzung mit diesem Thema deckt ebenfalls einige resultierende Probleme bei der konventionellen rein dezentralen Steuerung von mobilen Arbeitsmaschinen auf. Aus der Motivation heraus, diese Probleme zu lösen, werden alternative Steuerungen vorgestellt. Unter Berücksichtigung spezifischer Randbedingungen erweist sich die *Observer/Controller*-Architektur aus dem Bereich *Organic Computing* als potenziell geeignetste Steuerung für komplexe mobile Arbeitsmaschinen. Im weiteren Verlauf der Arbeit wird daher die Observer/Controller-Architektur für mobile Arbeitsmaschinen angepasst und auf eine konkrete Beispielmaschine in der Simulation übertragen.

Schlüsselworte: Komplexität, Mobile Arbeitsmaschine, Steuerung, Organic Computing, Observer/Controller-Architektur, Simulation

Abstract

Nowadays *complex* is a commonly used adjective to describe the design and functionality of technical systems, without in many cases precisely knowing the meaning. It is the same with mobile machines. Therefore this thesis discusses the scientific question, how far mobile machines have evolved to complex systems today. The discussion shows that modern mobile machines can be described as complex in many point of views. It also reveals some resulting problems of the conventional strictly decentralized control to deal with mobile machines. Motivated by solving these problems, alternative controls are introduced. Considering specific boundary conditions, the *observer/controller*-architecture from *Organic Computing* is potentially most appropriate for controlling complex mobile machines. Therefore further steps of the thesis are the adaption of the observer/controller-architecture to mobile machines and the transfer to a concrete sample application in the simulation.

Keywords: Complexity, Mobile Machines, Control, Organic Computing, Observer/Controller-Architecture, Simulation

Danksagung

Die vorliegende Arbeit entstand während meiner Tätigkeit als wissenschaftlicher Mitarbeiter am Institut für Fahrzeugsystemtechnik am Karlsruher Institut für Technologie (KIT). Herrn Prof. Dr.-Ing. Geimer als Leiter des Instituts danke ich besonders für die anregenden Diskussionen, die diese Arbeit bereichert haben, die wissenschaftliche Förderung und für die Übernahme des Hauptreferats.

Die Arbeit baut auf Ergebnissen eines Gemeinschaftsprojekts mit dem Institut für Angewandte Informatik und Formale Beschreibungsverfahren (AIFB) am KIT auf. Daher gilt ebenfalls mein besonderer Dank meinen Projektpartnerinnen am AIFB, namentlich Frau Dipl.-Inform. Micaela Wünsche und Frau PD Dr.-Ing. Sanaz Mostaghim. Bei Herrn Prof. Dr. Schmeck als Leiter des AIFB möchte ich mich ebenfalls sehr bedanken, zum einen für die große Unterstützung des Gemeinschaftsprojekts und zum anderen für die Übernahme des Korreferats.

Bei Herrn Prof. Dr. sc. techn. Koch vom Institut für Kolbenmaschinen am KIT bedanke ich mich herzlich für die Übernahme des Prüfungsvorsitzes.

Darüber hinaus gilt mein Dank allen meinen Kollegen, mit denen ich zahlreiche spannende wissenschaftliche Diskussionen geführt habe, namentlich Andreas Rüdenauer, Bernhard Jahnke, Philip Nagel, Phillip Thiebes, Tristan Reich, Markus Springmann und Rinaldo Arnold.

Mein größter Dank gilt meiner lieben Ehefrau Tanja, sowie meinen Eltern Anette und Gustav. Sie haben ganz wesentlich zum Erfolg dieser Arbeit beigetragen, in dem sie mich stets in meinem Tun unterstützt haben.

Schefflenz, im Dezember 2013   *Dipl.-Ing. Timo Kautzmann*

Inhaltsverzeichnis

Formelbuchstabenverzeichnis

Zeichen	Bedeutung	Einheit
$\vec{AB}$	Arbeitsbelastung	-
AR	Zustand Allradkupplung	-
$Drueck$	maximale Drückung der VKM	-
DS	Zustand Differentialsperre	-
F_U	Radumfangskraft	kN
F_X	Radzugkraft	kN
F_Z	vertikale Bodenstützkraft	kN
F_{Zug}	Zugkraft	kN
GS	Zustand Gruppenschaltung	-
J	Zielfunktion	-
J_{real}	tatsächlich gemessene Zielfunktion	-
$\bar{J}_{real}$	durchschnittl. tats. gemessene Zielfunktion	-
J_{rot}	Drehmasse	kg m
k_i	Parameter für angenäherten Triebkraftbeiwert	-
m	Gespannmasse Traktor-Arbeitsgerät	kg
M_{Fahr}	Drehmoment von Fahrantrieb an VKM	Nm
M_G	Drehmoment von Abtrieb an Getriebe	Nm
M_{Getr}	Lastmoment Ausgang Getriebe	Nm
M_{Hydr}	Drehmoment Hydraulikpumpe	Nm
M_i	Drehmoment Rad i	Nm
$M_{Mech,aus}$	Ausgangssmoment mechanischer Zweig	Nm
$M_{Mech,ein}$	Eingangsmoment mechanischer Zweig	Nm
M_{Prim}	Drehmoment Primäreinheit	Nm
M_{Sek}	Drehmoment Sekundäreinheit	Nm

M_{VKM}	Belastungsdrehmoment an VKM	Nm
M_{ZW}	Drehmoment Zapfwelle	Nm
n_G	Drehzahl Getriebeausgang	U/min
$n_{i,Ist}$	Istdrehzahl Rad i	U/min
n_{Ist}	Istdrehzahl	U/min
n_{KR}	Drehzahl Kegelritzelwelle	U/min
n_{Krit}	Drehzahl bei max. Leistung der VKM	U/min
n_{Mech}	Drehzahl mechanischer Zweig	U/min
n_{Prim}	Drehzahl Primäreinheit	U/min
n_{Soll}	Solldrehzahl	U/min
n_{VKM}	Drehzahl Primärwandler	U/min
$n_{VKM,Ist}$	Istdrehzahl Primärwandler	U/min
$n_{VKM,Soll}$	Solldrehzahl Primärwandler	U/min
$n_{ZW,Ist}$	Istdrehzahl Zapfwelle	U/min
Δp	Druckdifferenz LS-Ventile	bar
p_{AH}	Druck Arbeitshydraulik	bar
p_{Max}	Maximaler Lastdruck Verbraucher	bar
$Q_{AH,Ist}$	Istvolumenstrom Arbeitshydraulik	l/min
$Q_{AH,Soll}$	Sollvolumenstrom Arbeitshydraulik	l/min
Q_{Ist}	Istvolumenstrom	l/min
Q_{Prim}	Volumenstrom Primäreinheit	l/min
Q_{Sek}	Volumenstrom Sekundäreinheit	l/min
Q_{Soll}	Sollvolumenstrom	l/min
s	Triebschlupf	-
$s_{\kappa max}$	Schlupf bei κ_{Max}	-
t	Zeit	s
Δt	Simulationszeitschritt	s
$\vec{u}(t)$	Eingangsvektor	-
$\vec{u}_A(t)$	Aktion	-
$\vec{u}_A^*(t)$	optimierte Aktion	-
$\vec{u}_A'(t)$	neue mögliche Aktionen aus Rule optimizer	-

$\vec{u}_{A,konv}(t)$	konventionelle Aktion	-
$\vec{u}_S(t)$	Situation	-
$\vec{u}'_S(t)$	messbare Informationen zu $\vec{u}_S(t)$	-
ue	Untersetzungsverhältnis Getriebe	-
ue_{ZW}	Untersetzungsverhältnis Zapfwelle	-
v	reale Fahrgeschwindigkeit	m/s
v_{Ist}	Istgeschwindigkeit	m/s
v_{Soll}	Sollgeschwindigkeit	m/s
v_{t-1}	Geschwindigkeit im letzten Zeitschritt	m/s
v_{th}	ideale schlupflose Geschwindigkeit	m/s
$\vec{x}(t)$	Zustandsvektor	-
α	Schwenkwinkel Primäreinheit	-
β	Schwenkwinkel Sekundäreinheit	-
η	Wirkungsgrad	-
κ	Triebkraftsbeiwert	-
κ'	angenäherter Triebkraftbeiwert	-
κ_{Max}	maximaler Triebkraftbeiwert	-
μ	Umfangskraftbeiwert	-
ρ	Rollwiderstand	-
φ	Lenkwinkel	-

Abkürzungsverzeichnis

Abkürzung	Bedeutung
Ack	Acker
AEF	Agricultural Industrial Electronics Foundation
bspw.	beispielsweise
CAN	Controller Area Network
Cl_center	Clusterschwerpunkt
Cl_ID	Cluster ID
constr	Beschränkung des Suchraums
DLG	Deutsche Landwirtschafts-Gesellschaft
ev	Evaluationsfaktor
g	geschlossen
HuN	Hilfs- und Nebenaggregate
LBS	Landwirtschaftliches BUS-System
LS	Load-Sensing
MPC	Modellbasierte prädiktive Regelung
o	offen
O/C	Observer/Controller
PEP	Produktentwicklungsprozess
Str	Straße
StVG	Straßenverkehrsgesetzgebung
SuOC	(engl.) System under Observation and Control
VKM	Verbrennungskraftmaschine

1 Einleitung

1.1 Motivation

Ein aus heutiger Sicht mögliches Szenario für die Landbewirtschaftung im Jahre 2050 ist die Bestellung des Feldes durch miniaturisierte Landmaschinen: die Maschinen werden durch Kooperation gemeinsam ein übergeordnetes Ziel unter ressourcenoptimalen Gesichtspunkten autonom erfüllen. Sie werden dabei unter der Menge möglicher Trajektorien die zur Erfüllung dieses globalen Ziels geeignetste auswählen, sich mit den anderen Maschinen koordinieren, benötigte Ressourcen anfordern und die vielfältig vorherrschenden Störungen auf dem Feld bewältigen. Darüber hinaus wird die Maschine einfache Schnittstellen zu einem menschlichen Bediener besitzen und somit in der Summe an den Bedürftnissen des Menschen angepasst sein. Selbstverständlich wird die Maschine sicher und zuverlässig sein, Angriffe von außen abwehren können und dadurch ein gewisses Situationsbewusstsein besitzen.

Im Jahre 2013 zeigt sich jedoch noch ein gänzlich anderes Bild landwirtschaftlicher Maschinen. Der Mensch bestimmt im Wesentlichen die konkreten Funktionen der Maschine, Fahrerassistenzsysteme und teilweise autonome Betriebsstrategien unterstützen den menschlichen Bediener. Nach Trechow [98] ist es für ihn allerdings eine große Herausforderung, die Informations- und Datenvielfalt moderner Systeme zu beherrschen. Die verfügbare Technik erwartet, dass der Mensch sich ihr anpasst, doch der Bediener, in diesem Fall der Landwirt, ist pragmatische Lösungen gewohnt, die ihm bei der Arbeitsbewältigung helfen. Noch hapert es am Verständnis zwischen Mensch und Maschine sowie deren Anwenderfreundlichkeit. Das dargestellte Szenario für das Jahr 2050 und der heutige Entwicklungsstand lassen sich in ähnlicher Weise für den gesamten Bereich der mobilen Arbeitsmaschine formulieren.

In dieser grundlagenorientierten Arbeit wird ein Vorschlag konkretisiert, wie zukünftige mobile Arbeitsmaschinen überwacht und geregelt werden können, die Eigenschaften des beschriebenen Szenarios aufweisen, und somit die Lücke zu heutigen mobilen Arbeitsmaschinen verringern.

1.2 Ausgangslage und Zielsetzung

Aktuelle Beaobachtungen zeigen: mobile Arbeitsmaschinen werden immer komplexer. Dies ist keine neue Erscheinung sondern vielmehr die Folge eines stetig wachsenden Funktionsumfangs durch gestiegene Kundenanforderungen der letzten Jahrzehnte. Gewissermaßen entwickelte sich so die mobile Arbeitsmaschine von einem einfachen, rein mechanischen, zu einem komplexen, vernetzten System. Diese grundsätzliche Beobachtung bildet die Ausgangslage und geht somit als Randbedingung für die weiteren Betrachtungen dieser Arbeit ein.

Eine später noch zu begründende und zu differenzierende Behauptung schlägt die Brücke zur Zielsetzung: das Steuerungssystem passt sich an die komplexer werdende Maschine durch Hinzufügen weiterer Funktionalitäten an. Die grundlegende Steuerungsstruktur bleibt allerdings erhalten. Nun folgt die Frage, ob sich durch den stetigen beschriebenen Wandel der mobilen Arbeitsmaschine nicht die Randbedingungen derart verändert haben, dass etablierte Steuerungsstrukturen neu überdacht werden müssen.

Zielsetzung dieser Arbeit ist es daher, ungeachtet der aktuell eingesetzten Steuerungen mobiler Arbeitsmaschinen, spezifische Randbedingungen für eine grundsätzliche Bewertung verschiedener Steuerungen heranzuziehen. Damit sind konkret die Beantwortung wissenschaftlicher Fragestellungen verbunden: inwieweit können mobile Arbeitsmaschinen heute als komplexe Systeme betrachtet werden, welche Konsequenzen hat das für die Steuerung und gibt es, auch aus anderen Disziplinen inspiriert, Steuerungen die auf Basis der formulierten Randbedingungen geeigneter sind? Auf Basis einer grundlegenden Auseinandersetzung mit den Steuerungsalternativen ist es weiter das Ziel dieser Arbeit, die geeignetste zu ermitteln. Vorgreifend handelt es sich dabei um die sog. *Observer/Controller (O/C)-Architektur*. Es wird in dieser Arbeit ein Beitrag zur Gestaltung der O/C-Architektur als Steuerungssystem für mobile Arbeitsmaschinen aus systemtheoretischer Sichtweise geleistet. Da es sich um eine grundlagenorientierte Arbeit handelt, soll die Steuerung anhand eines validierten Simulationsmodells grundlegend analysiert und evaluiert werden.

Die O/C-Architektur wurde in einer aus der Informatik stammenden Fachrichtung *Organic Computing* entwickelt. Da sich diese Arbeit primär an Leser der Ingenieurswissenschaften richtet, werden Fachtermini aus Organic Computing, die in der Fachliteratur aus der Sichtweise der Informatik beleuchtet werden, hier aus der Ingenieursperspektive eingeführt. Neben weiteren veröffentlichten Arbeiten soll dadurch ein Beitrag geleistet werden, beide Fachrichtungen näher zusammenzuführen.

Die in dieser Arbeit gesammelten Erkenntnisse stammen im Wesentlichen aus einem von der DFG geförderten Gemeinschaftsprojekt in Kooperation mit dem Institut für Angewandte Informatik und Formale Beschreibungsverfahren (AIFB) am Karlsruher Institut für Technologie (KIT). Die algorithmische Gestaltung und Umsetzung der einzelnen Komponenten der O/C-Architektur, mit Ausnahme der integralen Simulationsmodelle, fand dort statt und ist daher nicht wissenschaftlicher Beitrag dieser Arbeit. Die Ergebnisse des Gesamtsystems wurden gemeinsam entwickelt und grenzen sich in sofern voneinander ab, dass in dieser Arbeit eher prinzipielle Betrachtungen gemacht werden und in den Arbeiten am AIFB durch Micaela Wünsche darauf aufbauend vertieft werden. Ebenso ist die Übertragung auf die reale mobile Arbeitsmaschine nicht Ziel dieser Arbeit. Stattdessen werden Vorschläge gegeben, wie in einer eventuell darauffolgenden Arbeit dieser Schritt sinnvoll gegangen werden kann.

1.3 Aufbau der Arbeit

Kapitel 2 beschäftigt sich zunächst mit der wissenschaftlichen Fragestellung, inwieweit mobile Arbeitsmaschinen als komplexe Systeme bezeichnet werden können. Als Schlussfolgerung dieser Betrachtung eröffnet sich ein Spannungsfeld zwischen mobilen Arbeitsmaschinen und heutigen Maschinensteuerungen, welches die Motivation für Kapitel 3 darstellt. Dort werden Alternativen zu heutigen Maschinensteuerungen gegeben, die potenziell in der Lage sind, dieses Spannungsfeld aufzulösen. Die auf Basis einer grundsätzlichen Analyse hervorgehende geeignetste Alternative, die aus Organic Computing stammende generische O/C-Architektur, wird in Kapitel 4 für mobile Arbeitsmaschinen konkretisiert. Hier wird ebenfalls als repräsentative Beispielmaschine ein Standardtraktor ausgewählt. Auf den Aufbau eines validierten dynamischen Modells des Traktors zur Verifizierung der O/C-Architektur geht Kapitel 5 ein. Zentraler Bestandteil der O/C-Architektur sind Simulationsmodelle, die in Kapitel 6 beschrieben werden. Die Ergebnisse und deren Diskussion folgen in Kapitel 7. Eine Zusammenfassung in Kapitel 8 schließt die bis hierhin gesammelten Erkenntnisse ab. Da es sich um eine grundlegende Arbeit handelt, hat die Übertragung der O/C-Architektur auf die reale Anwendung nicht stattgefunden. Allerdings werden ausblickend in Kapitel 9 Möglichkeiten hierzu dargestellt.

2 Komplexität in mobilen Arbeitsmaschinen

Aktuelle mobile Arbeitsmaschinen weisen eine hohe Funktionsvielfalt auf. In der Regel steigt damit der Komplexitätsgrad. Die im Folgenden zu beantwortende wissenschaftliche Leitfrage lautet nun: „In wie weit können mobile Arbeitsmaschinen heute als komplexe Systeme verstanden werden?" Um die Leitfrage zu klären, wird dabei in diesem Kapitel zunächst ein Verständnis für mobile Arbeitsmaschinen aufgebaut, bevor Definitionen von komplexen Systemen genannt werden. Bei einem Vergleich wird sich im Anschluss zeigen, dass mobile Arbeitsmaschinen durchaus Eigenschaften komplexer Systeme besitzen. Als Konsequenz daraus und Motivation für das weitere Vorgehen wird ein Spannungsfeld aktueller Steuerungssysteme im Umgang mit mobilen Arbeitsmaschinen aufgezeigt.

2.1 Verständnis mobiler Arbeitsmaschinen

Aus der Bezeichnung *mobile Arbeitsmaschinen* geht hervor, dass diese eine Unterklasse von „Maschinen" darstellen. In der Maschinenrichtlinie 2006/42/EG [3] bezeichnet man im Wesentlichen mit dem Begriff „Maschine" „eine mit einem anderen Antriebssystem als der unmittelbar eingesetzten menschlichen oder tierischen Kraft ausgestattete oder dafür vorgesehene Gesamtheit miteinander verbundener Teile oder Vorrichtungen, von denen mindestens eines bzw. eine beweglich ist und die für eine bestimmte Anwendung zusammengefügt sind."

Die Straßenverkehrsgesetzgebung (StVG) differenziert maschinengetriebene Landfahrzeuge neben der Unterscheidung in Krafträder, Personenkraftwagen und Lastkraftwagen, in Zugmaschinen (einschließlich Sattelzugmaschinen und Traktoren) sowie selbstfahrende Arbeitsmaschinen. Hier gelten als selbstfahrende Arbeitsmaschinen „Kraftfahrzeuge, deren Zweck die Verrichtung von Arbeit und nicht in der Beförderung von Gütern oder Personen liegt". Im Sinne der europäischen Abgasgesetzgebung [2] bezeichnet der Ausdruck „mobile Maschinen und Geräte" „mobile Maschinen [...], die nicht zur Beförderung von Personen oder Gütern auf der Straße bestimmt sind und in die ein Verbrennungsmotor [...] eingebaut ist." Beide Definitionen, da sie Grundlage der Gesetzgebung sind, haben den Fokus auf der zulassungsorientierten Sichtweise. Es wird hier also primär darauf geachtet, dass eine klare Differenzierung stattfinden kann, die aber aus technischer Sicht unzureichend ist, da nicht die technischen Merkmale im Vordergrund stehen. „Die Einstufung als selbstfahrende Arbeitsmaschine laut StVG beispielsweise wird nur im Einzelfall anerkannt, wenn die Maschine explizit zu einer durch das zuständige Ministerium anerkannten, listenmäßig erfassten Art gehört (z.B. Bagger, Mähdrescher usw.)" [62].

In der technisch orientierten Fachliteratur lassen sich, angelehnt an die Gesetzgebung, ebenfalls zahlreiche Definitionen finden. Eine Auswahl hieraus ist etwa [62, 70, 96]. Die Zuordnung einer Maschine zur Klasse der mobilen Arbeitsmaschinen erfolgt hier anhand qualitativer, teilweise unterschiedlicher Merkmale bzw. Kriterien, sodass sie, allerdings bewusst, nicht eindeutig ist, d.h. eine eindeutige Differenzierung steht nicht im Fokus der Betrachtung. Für das weitere Verständnis mobiler Arbeitsmaschinen soll in Anlehnung an die zitierte Fachliteratur folgende Begriffsbestimmung gelten:

1. Mobile Arbeitsmaschinen haben den Zweck, eine Arbeit zu verrichten[1], sie verfügen daher über einen Fahr- und Arbeitsantrieb.

2. Dabei besitzen sie über alle für sie bestimmten Einsatzzwecke Belastungsprofile, die signifikante Energieanteile sowohl innerhalb des Fahr- als auch des Arbeitsantriebs aufweisen.

---

[1]nach der Festlegung StVG, Seite 5

3. Mobile Arbeitsmaschinen haben weiter eine integrierte Energiequelle mit beschränkter Kapazität.

In Martinus und Thiebes [70, 96] werden mobile Arbeitsmaschinen darüber hinaus dahingehend spezifiziert, dass die Mobilität der Maschine nicht an festgelegte Bahnen, wie z.B. Schienensysteme, Induktionsschleifen, etc. gebunden sind. Der Ursprung dieser Spezifikation stammt aus der StVG, hat also einen zulassungstechnischen Hintergrund. Aus technischer Sichtweise, die hier im Vordergrund steht, macht dies keinen Sinn, da beispielsweise Gleisbett Verlegemaschinen und Gleisbagger nach dieser Definition keine mobilen Arbeitsmaschinen wären.

Mobile Arbeitsmaschinen lassen sich anhand des Einsatzbereichs untergliedern in:

- **Landmaschinen;** z. B. Traktoren, Traktor/Geräte-Kombinationen, Vollerntemaschinen, Geräteträger, Feldhäcksler

- **Baumaschinen;** z. B. Bagger, Radlader, Planiermaschinen, Straßenfertiger

- **Forstmaschinen;** z. B. Forstschlepper, Holzvollernter, mobile Sägewerke

- **Kommunalmaschinen;** z. B. Schneeräumer, Universalmäher, Reinigungsmaschinen

- **Hebe- und Fördermaschinen;** z. B. Mobilkräne, Stapler, Betonpumpen

- **Spezialmaschinen;** z. B. Militärfahrzeuge, Pistenraupen

In dieser Arbeit steht der Antriebsstrang von mobilen Arbeitsmaschinen aus systemorientierter Sichtweise im Vordergrund. Der Antriebsstrang ist definiert als derjenige Teil, der in Zusammenhang mit der Leistungsübertragung innerhalb der mobilen Arbeitsmaschine steht. Aus der eingeführten Begriffsbestimmung einer mobilen Arbeitsmaschine heraus kann dieser in die Teilsysteme *Primärwandler*, *Fahrantrieb* zur eigenständigen Fortbewegung und diverse *Arbeitsantriebe* zerlegt werden. Um eine mobile Arbeitsmaschine von einer stationären Maschine zu unterscheiden, wird der Fahrantrieb aus dem Arbeitsantrieb ausgegliedert. Der Querantrieb wird hier nicht berücksichtigt, da er senkrecht zur Bewegungsrichtung wirkt und daher in der leistungsorientierten Betrachtung verschwindet.

Als Primärwandler werden in den meisten Anwendungen aufgrund der geforderten hohen Energie- und Leistungsdichte überwiegend Diesel- und in seltenen Fällen Ottomotoren und elektrische Maschinen verwendet. Primärwandler wird dahingehend verstanden, dass der jeweilige Energiespeicher integriert ist. Unter Vernachlässigung der elektrischen Maschinen als Primärwandler ergibt sich, dass der Fahrantrieb neben den Teilsystemen *Endantrieb* und *Fahrwerk-Boden Kontakt* ein *Getriebe* besitzen muss. Leistungen lassen sich in der relevanten Größenordnung mittels *mechanischer*, *hydraulischer* und *elektrischer Arbeitsantriebe* übertragen.

Die in mobilen Arbeitsmaschinen üblicherweise vorzufindenden Realisierungen der jeweiligen Teilsysteme sind in Bild 2.1 in Form einer Art morphologischen Kastens[2] dargestellt.

Außer Acht gelassen werden Hybridlösungen, die zwar momentan intensiv untersucht werden, hier aber die Systematik sprengen. Während mobile Arbeitsmaschinen wenigstens eine Realisierung jedes Teilsystems aus dem Längsantrieb besitzen müssen, können im Arbeitssystem Teilsysteme übersprungen werden, müssen allerdings laut obiger Spezifikation mindestens ein Teilsystem hieraus besitzen. Neben der Dreipunktaufhängung, dem Zugmaul und der Kugelkopfkupplung gibt es weitere Zugsysteme zur Übertragung mechanisch translatorischer Leistung, wie etwa Hitch-Haken, Zugpendel oder Piton-Fix. Diese sind allerdings im deutschsprachigen Raum unüblich und daher in der Systematik nicht aufgeführt.

---

[2]Streng genommen sind in der Darstellung Verzweigungen möglich, was der Definition des Aufbaus eines morphologischen Kastens widerspricht.

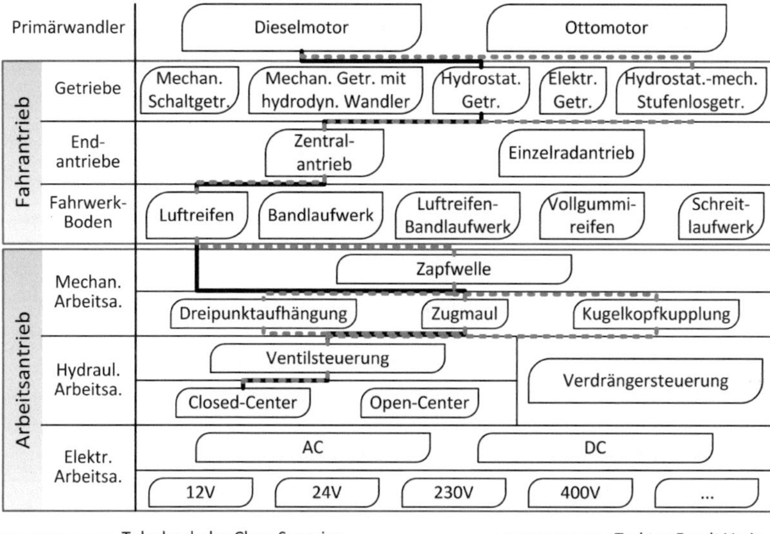

Bild 2.1: Darstellung der Subsysteme einer mobilen Arbeitsmaschine mittels morphologischem Kasten

Bei den hydraulischen Arbeitssystemen wird zu Gunsten der Übersichtlichkeit darauf verzichtet, die Aufteilung etwa in die konkreten Steuerungssysteme hydraulischer Leistung zu untergliedern, wie von Finzel [24] vorgeschlagen. Die gängigsten Ausführungen sind auf dieser Ebene das hydraulisch-mechanische Load-Sensing und das Negative-Flow-Control [24]. Bei den elektrischen Arbeitsantrieben hat sich derzeit noch kein allgemein anerkannter Standard für Spannungspegel durchgesetzt, daher können hier weitere zu erwarten sein.

Nicht aufgeführt sind die Hilfs- und Nebenaggregate (HuN). Diese sind nicht direkt an den Hauptaufgaben einer mobilen Arbeitsmaschine beteiligt, nehmen aber laut Lang [62] einen nennenswerten Anteil der verfügbaren Dieselleistung in Anspruch und sind daher dem Antriebsstrang zugeordnet. Zu den Hauptaufgaben einer mobilen Arbeitsmaschine zählen Ziehen, Führen, Tragen, Heben, Treiben und Regeln [59]. Eine mobile Arbeitsmaschine besitzt generell die Hilfs- und Nebenaggregate Lüfter, Klimakompressor, Komfort- und Notlenkpumpen, Druckluftanlage und Lichtmaschine. Teilweise werden, je nach verwendeter Messnorm für die Motorleistung, Aggregate zum Betrieb der Verbrennungsmaschine, wie Wasserpumpe, Schmierölpumpe und Einspritzpumpe, hinzugenommen.

Beispielhaft sind in Bild 2.1 diejenigen Pfade dargestellt, die den Aufbau des Teleskopladers Claas Scorpion und des Traktors Fendt Vario darstellen.

Zur Klärung der wissenschaftlichen Leitfrage macht es Sinn, die mobile Arbeitsmaschine im Folgenden gemäß der Theorie der *zielsuchenden Systeme* [71] in ein *Basissystem* und ein *Steuerungssystem* zu unterteilen. Im Wesentlichen versteht man unter zielsuchenden Systemen eine Klasse von Systemen, die interne zielsuchende Algorithmen besitzen, mit deren Hilfe sie ihren Eingang auf den Ausgang abbilden. Im Folgenden wird gezeigt, dass diese Systemklasse für mobile Arbeitsmaschinen zutreffend ist. Das Basissystem ist dabei als ausführendes System zu verstehen, welches den Eingang aufnimmt und den Ausgang erzeugt, im Steuerungssystem sind die Zielfunktionen und die zur Erreichung des Ziels anzuwendenden Handlungsanweisungen hinterlegt.

2.2 Basissystem mobiler Arbeitsmaschinen

Die Beschreibung des Basissystems der mobilen Arbeitsmaschine führt zu einer Modellbildung, bei der klar definierte Aspekte der mobilen Arbeitsmaschine betrachtet und andere explizit vernachlässigt werden. In diesem Kapitel wird der Antriebsstrang der mobilen Arbeitsmaschine als Basissystem betrachtet. Ebenfalls dem Basissystem zugeordnet werden unterlagerte Regelkreise auf Komponentenebene, da sie im Sinne des Basissystems ausführenden Charakter haben. Ziel dieses Kapitels ist das Aufstellen solcher Modelle, dessen Analyse Schlüsse zur gestellten Leitfrage zulassen und im weiteren Verlauf der Arbeit als Grundlage der Beschreibung eines mathematischen Modells einer mobilen Arbeitsmaschine dienen.

Zur Identifizierung der Systemstruktur eignet sich eine aus der Systemtheorie bekannte Vorgehensweise der hierarchischen Zerlegung („vom Groben zum Detail") [20]. Das betrachtete Gesamtsystem wird zunächst über mehrere Stufen untergliedert. Man erhält auf diese Weise eine Systemhierarchie. Eine derartige Hierarchie für mobile Arbeitsmaschinen wurde implizit durch die Zerlegung des Systems in Teilsysteme und Komponenten mit dem morphologischen Kasten aus Bild 2.1 aufgestellt. Hieraus leitet sich nach Raste [80] die wirkungsorientierte Betrachtung ab, indem die Beziehungen zwischen den Teilsystemen identifiziert werden. Die wirkungsorientierte Betrachtung entspricht der gewünschten Systemdarstellung einer mobilen Arbeitsmaschine.

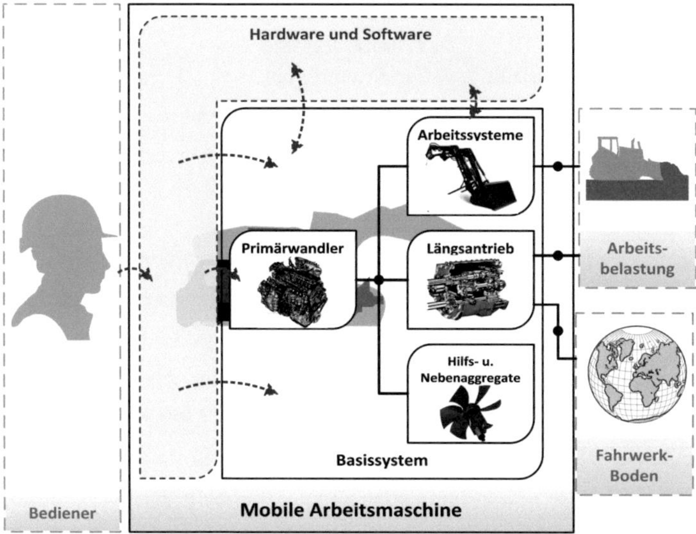

Bild 2.2: Wirkungsorientiertes Modell einer allgemeinen mobilen Arbeitsmaschine

Ein mögliches daraus resultierendes Modell des Basissystems mobile Arbeitsmaschine zeigt Bild 2.2. Es wird dabei von einem Sonderfall der Systemdarstellung Gebrauch gemacht, die als *akausale Modellierung* aus der

Bondgraphtheorie [97] bekannt ist. Da die Wirkrichtungen zum jetzigen Zeitpunkt irrelevant sind, werden ungerichtete Verbindungen verwendet, bei denen der Aspekt der Leistungsübertragung im Vordergrund steht. „Die Verbindungslinie zwischen zwei Blöcken wird als Energiefluss (=Leistung) interpretiert. Zur mathematischen Beschreibung dieser Kopplungsart werden zwei Typen von Variablen eingeführt: Potenzialgrößen p und Flussgrößen f. Die Leistung P ist das Produkt $P = p \cdot f$. Die Verbindung ist derart definiert, dass Potenzialgrößen gleichgesetzt und Flussgrößen in den Knoten der Verbindungen zu null aufsummiert werden." [80] Für mobile Arbeitsmaschinen sind Energieflussformen nach Tabelle 2.1 relevant.

Tabelle 2.1: Relevante Energieflussvariablen in mobilen Arbeitsmaschinen

Energieform	p: **Potenzialgröße**	f: **Flussgröße**
mechan. translatorisch	v: Geschwindigkeit	F: Kraft
mechan. rotatorisch	ω: Winkelgeschwindigkeit	M: Moment
fluidisch	p: Druck	Q: Volumenstrom
elektrisch	U: Spannungspotenzial	i: Stromstärke

In Bild 2.2 sind neben den Beziehungen der einzelnen Subsysteme innerhalb des Basissystems auch deren Eingliederung an angrenzende Systeme dargestellt. Schnittstellen besitzt das Basissystem dementsprechend zur Arbeitsbelastung, entweder mittelbar durch ein Arbeitsgerät oder unmittelbar durch die Reaktion mit der Umwelt, zur Umgebung in Form eines Fahrwerk-Boden Kontakts und zur Hard- und Software. Zur Differenzierung sind diese Subsysteme ausgegraut dargestellt. Die Verknüpfungen zu Hard- und Software sind als Sonderfall gestrichelt eingezeichnet, da hier keine Energieflussformen, sondern Informationen, ausgetauscht werden. Dennoch ist die Einbeziehung sinnvoll, da dort die Energieflüsse maßgeblich bestimmt werden. Die Informationen sind sowohl Interpretationen des Bedienerwunschs, daher unidirektional, als auch teilautomatisierte Steuerungs- bzw. Regelsignale aus implementierten Softwarefunktionen, daher bidirektional. Auf Bedienerwunsch und Hard- und Software geht Kapitel 2.3 gesondert ein.

Die beschriebene Art der Modellierung richtet den Fokus auf die breite und hierarchisch flache Beschreibung des Basissystems und seiner angrenzenden Systeme. Eine hierarchisch ausgeprägtere Betrachtung ergänzt daher im Folgenden die Analyse des Basissystems. Es werden beispielhaft Modelle aufgebaut, welche die Funktionsweisen des „Hydraulischen Arbeitssystems" in Bild 2.3 und des „Längsantriebs" in Bild 2.4 beschreiben. Das hydraulische Arbeitssystem stellt beispielhaft ein für Traktoren, Bagger und Radlader der mittleren und oberen Leistungsklasse übliches Load-Sensing (LS) System dar. Weitere Modelle zum mechanischen und elektrischen Arbeitssystems lassen sich analog zu diesem aufstellen.

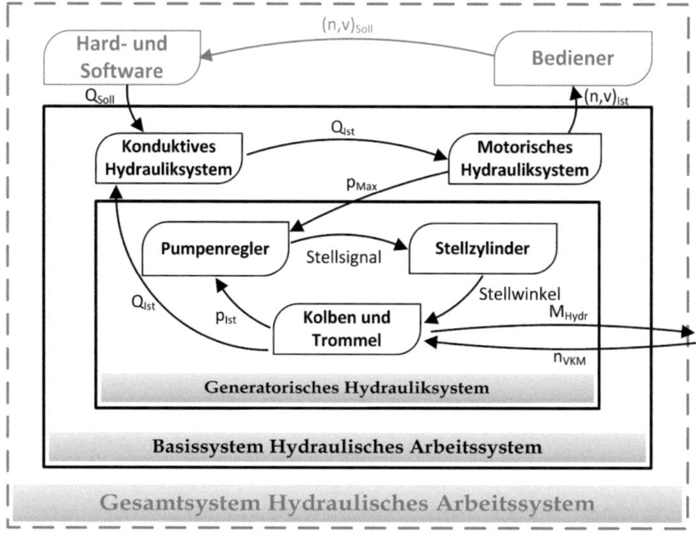

Bild 2.3: Das hydraulische Arbeitssystem in hierarchischer Darstellung

Die dargestellte Beschreibung der Funktionsweise des hydraulischen Arbeitssystems in Bild 2.3 zeigt auf oberster Ebene das „Gesamtsystem hydraulisches Arbeitssystem". Dort finden sich die in Bild 2.2 eingeführten

Modelle „Bediener", „Hardware und Software" sowie das hydraulische Basissystem als Teil des „Arbeitssystems" wieder. Da dort Bediener und Hard- und Software aus dem Arbeitssystem ausgelagert sind, sind hier die Modelle ausgegraut dargestellt. Sie sind die Randbedingungen für das hydraulische Arbeitssystem. Auf der Ebene „Gesamtsystem Hydraulisches Arbeitssystem" sendet der Bediener eine Solldrehzahl bzw. Sollgeschwindigkeit $(n, v)_{Soll}$ des hydraulischen Verbrauchers an die Hard- und Software. Diese übersetzt das Signal des Bedieners in ein elektrisches Signal, welches einem Sollvolumenstrom Q_{Soll} entspricht und gibt diesen an das hydraulische Basissystem weiter. Von dort wird dem Bediener die tatsächliche Istdrehzahl bzw. Istgeschwindigkeit $(n, v)_{Ist}$ des hydraulischen Verbrauchers (motorisches Hydrauliksystem) zurückgemeldet.

Innerhalb des hydraulischen Basissystems wird der maximale Lastdruck des motorischen Hydrauliksystems p_{Max} an das generatorische Hydrauliksystem, hier die LS-Pumpe, gesendet, worauf sich ein Istvolumenstrom Q_{Ist} über das LS-Ventil am Verbraucher einstellt. Innerhalb des generatorischen Hydrauliksystems generiert ein Pumpenregler aus p_{Max} eine Sollgröße und leitet aus der Differenz zwischen Soll- und gemessener Istgröße p_{Ist} ein *Stellsignal* für den Stellzylinder der Pumpe ab. Durch die anliegende Drehzahl des Primärwandlers n_{VKM} entsteht hieraus Q_{Ist}, aufgrund des anliegenden Drucks erzeugt die LS-Pumpe ein Drehmoment M_{Hydr}, welches an den Primärwandler zurück gemeldet wird.

Das hierarchisch geprägte Modell des Längsantriebs zeigt Bild 2.4. Es wird exemplarisch der Längsantrieb einer mobilen Arbeitsmaschine mit hydrostatisch-leistungsverzweigtem Getriebe und ausgangsseitiger Kopplung aufgeführt. Auf der Ebene „Gesamtsystem Längsantrieb" findet ähnlich der des hydraulischen Arbeitssystems die Wechselwirkung zwischen Bediener, Hard- und Software und dem Basissystem des Längsantriebs statt. Im Basissystem erzeugt die Arbeitsbelastung[3] eine in der Regel ge-

---

[3]Wie Bild 2.2 zeigt, ist die Arbeitsbelastung nicht Teil des Längsantriebs, sodass sie in der Darstellung ausgegraut ist.

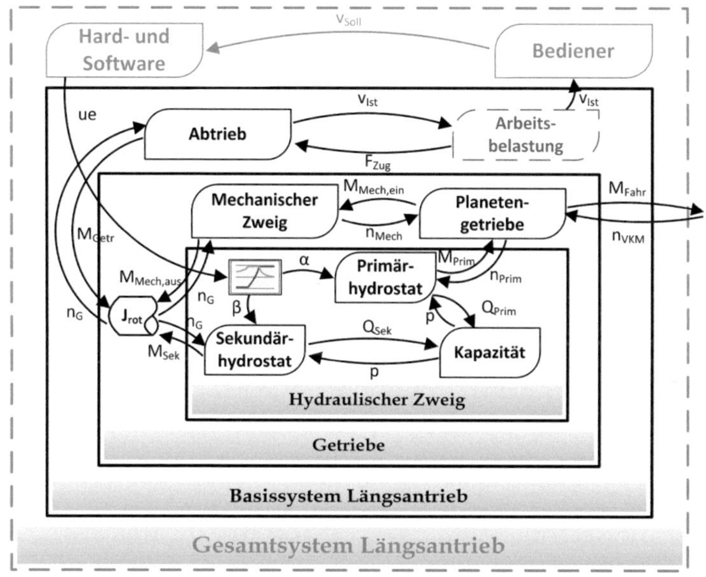

Bild 2.4: Der Längsantrieb in hierarchischer Darstellung

gen die Bewegungsrichtung gerichtete Zugkraft F_{Zug}, welche unter quasi-stationärer Betrachtung als Reactio vom Fahrwerk-Boden Kontakt aufgebracht werden muss. Aufgrund des dadurch wirkenden Schlupfs s_{Ist} entsteht eine Last im Antriebsstrang in Form eines Lastmoments M_{Getr} welches über Wellen und Verzahnungen am Ausgang des Getriebes wirkt. Fahrwerk-Boden Kontakt und beschriebenes mechanisches Verteilergetriebe sind Bestandteile des „Abtriebs". An dessen Eingang liegt die Drehzahl n_G an, welches gleichzeitig der Ausgang des Getriebes ist. Innerhalb des Getriebes muss zur Konsistenz des geschilderten Gedankenmodells eine Drehmasse J_{rot} in Form eines konzentrierten Parameters eingeführt werden. Demgemäß liegt aufgrund der ausgangsseitigen Kopplung des Getriebes die Drehzahl n_G an den mechanischen und hydraulischen Zweigen an. Bei entgegengesetzt zur Fahrtrichtung weisender Zugkraft F_{Zug} ohne Blindleistung im Getriebe wird J_{rot} durch M_{Getr} verzögert und durch die

Momente $M_{Mech,aus}$ und M_{Sek} aus mechanischem und hydraulischem Zweig beschleunigt. An der Eingangsseite des Getriebes im Planetengetriebe liegen entsprechend eines konstanten Verhältnisses der Momente $M_{Mech,ein}$ des mechanischen Zweigs und M_{Prim} die Drehzahlen n_{Mech} und n_{Prim} an. Im hydraulische Zweig wird die Getriebeuntersetzung ue aus der Hard- und Software mittels Kennfelder in Schwenkwinkel α und β für den Primär- und Sekundärhydrostaten übersetzt. Aus den anliegenden Drehzahlen ergeben sich die Volumenströme Q_{Prim} und Q_{Sek} und über die Kapazität im hydraulischen System ein sich einstellender Druck p, welcher wiederum die Ausgangsmomente M_{Prim} und M_{Sek} einstellt. Am Ausgang des Planetengetriebes liegt die Drehzahl n_{VKM} des Primärwandlers an, und das anliegende Drehmoment M_{Fahr} wird zurückgemeldet.

Abschließend soll unabhängig von den aufgestellten Modellen anhand von ausgewählten Beispielen gezeigt werden, dass das Basissystem einer mobilen Arbeitsmaschine als *verkoppeltes Mehrgrößensystem* beschrieben werden kann. Verkoppelte Mehrgrößensysteme können nach Lunze [66] gemäß Bild 2.5 dargestellt werden. Abgebildet ist ein System, welches beispielhaft zwei Eingänge u_1 und u_2 mittels Übertragungsfunktionen G_{11}, G_{12}, G_{21} und G_{22} auf die Ausgänge y_1 und y_2 in dargestellter Weise abbildet. Besonderheit bei verkoppelten Mehrgrößensystemen ist, dass die Strecke nicht-vernachlässigbare Querkopplungen von u_1 auf y_2 oder u_2 auf y_1 besitzt, die Übertragungsfunktionen G_{12} und G_{21} entsprechend ungleich Null sind. Derartige Querkopplungen lassen sich, wie in Tabelle 2.2 aufgestellt, ebenfalls für mobile Arbeitsmaschinen identifizieren.

Es zeigt sich, dass die Art des Auftretens der Verkopplungen im Basissystem einer mobilen Arbeitsmaschine je nach eingesetzten Teilsystemen unterschiedlich ausfällt. Je weniger Potenzial- bzw. Flussgrößen durch Stufenloswandler entkoppelt sind, desto mehr Verkopplungen besitzt das System in der Regel.

Mobile Arbeitsmaschinen besitzen zusammenfassend aufgrund der nachgewiesenen hohen Vernetzung einen ausgeprägten Mehrgrößencharakter.

Tabelle 2.2: Beispiele verkoppelter Mehrgrößensysteme in mobilen Arbeitsmaschinen

u_1: Drehzahl Primärwandler y_1: Fahrgeschwindigkeit	u_2: Zapfwellenstufe y_2: Drehzahl Zapfwelle
$G_{12} \neq 0$: Bei mobilen Arbeitsmaschinen mit gestuften Getrieben oder im manuellen Fahrmodus mit Stufenlos-Getrieben wird die Fahrgeschwindigkeit in der Regel über die Drehzahl des Primärwandlers beeinflusst. Bei aktiver Zapfwelle beeinflusst dies die Drehzahl der Zapfwelle. $G_{21} \neq 0$: Wird die mobile Arbeitsmaschine an der Leistungsgrenze betrieben, kann eine Änderung der Zapfwellenstufe zu einer veränderten Geschwindigkeit führen	
u_1: Drehzahl Primärwandler y_1: Fahrgeschwindigkeit	u_2: Verdrängungsvolumen Pumpe y_2: Volumenstrom Pumpe
$G_{12} \neq 0$: Da die Drehzahl der Arbeitspumpe direkt mit der Drehzahl der Energiequelle gekoppelt ist, kann sich dadurch ebenfalls der Volumenstrom der Arbeitspumpe ändern $G_{21} \neq 0$: Wird die mobile Arbeitsmaschine an der Leistungsgrenze betrieben, kann eine Änderung des Verdrängungsvolumens zu einer veränderten Geschwindigkeit führen.	
u_1: Ventilstellung Verbraucher 1 y_1: Volumenstrom Verbraucher 1	u_2: Ventilstellung Verbraucher 2 y_2: Volumenstrom Verbraucher 2
$G_{12} \neq 0$: Tritt im Arbeitssystem Hydraulik Unterversorgung ein, kann Ventilstellung Verbraucher 1 Auswirkungen auf Volumenstrom Verbraucher 2 haben. $G_{21} \neq 0$: Tritt im Arbeitssystem Hydraulik Unterversorgung ein, kann Ventilstellung Verbraucher 2 Auswirkungen auf Volumenstrom Verbraucher 1 haben.	
u_1: Drehzahl Primärwandler y_1: Fahrgeschwindigkeit	u_2: − y_2: Lüfterleistung
$G_{12} \neq 0$: Die Erhöhung der Drehzahl der Energiequelle führt zu einer erhöhten Lüfterleistung	

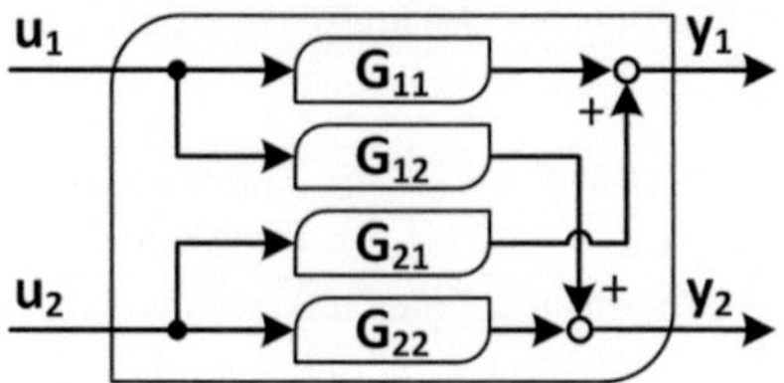

Bild 2.5: Verkoppeltes Mehrgrößensystem (nach [66])

Das bedeutet, dass jede der manipulierbaren Steuergrößen mehr als eine der interessierenden Regelgrößen beeinflusst, und umgekehrt zur Beeinflussung einer Regelgröße häufig mehrere alternative Steuergrößen existieren. Wie das folgende Kapitel zeigen wird, versucht man traditionell, PID-Einstellregelungen für die relevanten Prozessgrößen zu entwerfen und so aufeinander abzustimmen, dass Wechselwirkungen zwischen den Prozessgrößen keine Auswirkungen auf das Gesamtsystemverhalten haben. Die richtige Zuordnung der Steuer- und Regelgrößen ist allerdings eine nicht-triviale Aufgabe.

2.3 Steuerungssystem mobiler Arbeitsmaschinen

Aus dem zurückliegenden Kapitel ist bekannt, dass sich das Basissystem durch eine Vielzahl verschiedener und variierender Wechselwirkungen auszeichnet. Je nach eingesetzten Komponenten ergeben sich ebenfalls eine hohe Zahl an Systemfreiheitsgraden. Dessen Anzahl und Art sind gewissermaßen die Randbedingungen eines Steuerungssystems für mobile Arbeitsmaschinen, welches in diesem Kapitel im Zeichen der gestellten Leitfrage analysiert wird.

2.3.1 Einordnung des Steuerungssystems in das Gesamtsystem mobile Arbeitsmaschine

Zunächst soll es in diesem Kapitel darum gehen, die zum Steuerungssystem gehörenden Systeme sowie deren Aufgaben zu identifizieren. Hierzu wird in Anlehnung an die Darstellung aus Bild 2.2 auf Bild 2.6 verwiesen.

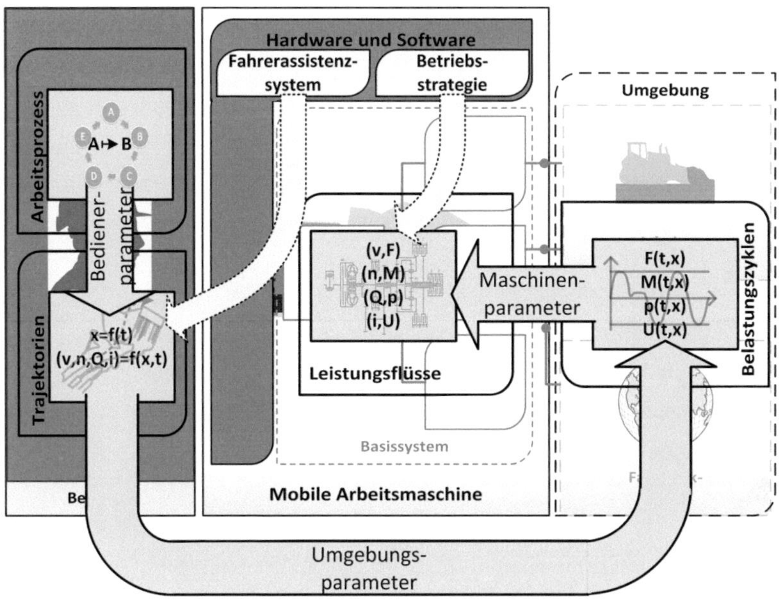

Bild 2.6: Einordnung des Steuerungssystems

Analog zu den Ausführungen aus Martinus [70] ist ein gewünschter auszu-führender *Arbeitsprozess* (links oben) Ausgangspunkt dieses Modells. Die Art des Arbeitsprozesses wird vom Bediener bestimmt. Generell unterstützt die mobile Arbeitsmaschine den Arbeitsprozess, indem sie Werkzeuge zur Manipulation und Bewegung von Materie zur Verfügung stellt. In diesem Kontext konkretisiert der menschliche Bediener den Arbeitsprozess, abhän-gig von seinen Kenntnissen und Fähigkeiten, ausdrückbar durch *Bediener-parameter*, indem er den als kinematische Starrkörpersysteme interpretierbare Maschinen *Trajektorien* aufprägt. Trajektorien sind Bahnkurven, die im physikalischen Sinne einen zeitabhängigen Verlauf des Orts in einem Bezugssystem darstellen. Auf dieser Ebene können Fahrerassistentsysteme bei der Trajektorienwahl helfen. Aus der Reaktion der Umgebung (Arbeitsbelastung und Reifen-Bodenkontakt) auf diese Solltrajektorien, quantifizierbar durch *Umgebungsparameter*, entstehen Belastungszyklen, die von außen auf die Maschine aufgeprägt werden. Abhängig vom Aufbau des Basissystems, ausdrückbar durch einen Satz an Maschinenparameter, und einer *Betriebsstrategie* entstehen auf diese Weise Leistungsflüsse innerhalb der Maschine, die den Betriebszustand der einzelnen Komponenten und des gesamten Antriebsstrangs festlegen.

In Thiebes [96] ist Betriebsstrategie wie folgt definiert:

> „Betriebsstrategie bezeichnet die Methode, welche unter Berücksichtigung vorgegebener Ziele, der Benutzervorgaben und der bekannten Randbedingungen Steuer- und Regelbefehle zur Einstellung eines gewollten Zustandes der Maschine und ihrer Aggregate erzeugt."

In Ergänzung an die Definition kann der gewollte Zustand der Maschine und ihrer Aggregate dadurch spezifiziert werden, dass die vom Bediener vorgegebenen Trajektorien bei gegebenen Randbedingungen des Basissystems, beispielsweise der installierten Leistung, unter dem Einfluss von Störungen eingehalten werden sollen[4]. In diesem Sinne muss die mobile Arbeitsmaschine als wichtigste Eigenschaft „robust" sein. Slotine et. al. [93] beschreibt Robustheit als „Maß, bis zu dem ein System unempfindlich für Einflüsse ist, die nicht explizit in der Entwicklungsphase berücksichtigt wurden". Derartige Einflüsse werden als Störungen bezeichnet.

Stehen im Basissystem mehr Freiheitsgrade zur Verfügung als zur Folge der Trajektorien notwendig, können diese unter Berücksichtigung der oben

---

[4]Teilweise kann es sinnvoll sein, dass die Belastungen Rückwirkungen auf die Trajektorien ausüben, um dadurch die Last zu „fühlen".

erwähnten Sollwertfolge gegenüber allen möglichen auftretenden Störungen von der Betriebsstrategie verwendet werden, die Maschine bezüglich verschiedener Zielfunktionen zu optimieren. Bei mobilen Arbeitsmaschinen stehen dabei generell die ökonomische Zielfunktion Gewinn, unter Betrachtung gesetzlicher Randbedingungen, wie z. B. Schadstoffausstoß und Straßenzulassung, im Vordergrund. Gewinn ist dabei aus kaufmännischer Sicht zu verstehen als die Differenz aus Gesamtnutzen weniger Gesamtkosten. Schwierig ist es, hier den Gesamtnutzen und die Gesamtkosten zu ermitteln und in gleicher Einheit, bevorzugt in einer Geldeinheit, gegenüberzustellen. Daher leiten sich daraus oftmals die technischen Zielfunktionen Optimierung des Wirkungsgrads bzw. Kraftstoffverbrauchs, des Arbeitsergebnises, der Maximierung der Leistung an Arbeitssystemen und Längsantrieb, als Flächenleistung bezeichnet, oder einer Kombination daraus ab. Je nach mobiler Arbeitsmaschine kommt dem Fahrverhalten eine Bedeutung zu, welches sich in der Geräuschbelastung oder dem Ansprechverhalten der Maschine äußert.

Zusammenfassend zeigt Bild 2.6 durch die graue Hinterlegung, dass der menschliche Bediener zusammen mit der Hard- und Software, in denen die Funktionen Fahrerassistenzsystem und Betriebsstrategie implementiert sind, dem Steuerungssystem zugeordnet ist. Fahrerassistenzsysteme werden heute, neben der Erhöhung der Fahrsicherheit, vorwiegend im Bereich des *Precision Farmings* zur Prozessoptimierung eingesetzt. Fokus dieser Arbeit ist allerdings der Antriebsstrang, die Optimierung des Prozesses steht nicht im Vordergrund. Das folgende Kapitel konzentriert sich daher auf derzeit eingesetzte Betriebsstrategien und jene Fahrerassistenzsysteme, die die Leistungsflüsse innerhalb der mobilen Arbeitsmaschine bewusst beeinflussen.

2.3.2 Stand der Technik und Forschung bei Steuerungssystemen mobiler Arbeitsmaschinen

In Bliesener [7] werden derzeit eingesetzte Steuerungssysteme mobiler Arbeitsmaschinen analysiert. Danach kann das konventionelle Steuerungssystem mobiler Arbeitsmaschinen in Anlehnung an Bild 2.2 gemäß Bild 2.7 dargestellt werden. Die Hilfs- und Nebenaggregate sind in dieser Darstellung nicht aufgeführt, da deren Ansteuerung derzeit hauptsächlich durch die physikalisch gegebenen Kopplungen innerhalb des Basissystems vorgeben ist. Schnittstellen besitzt das Steuerungssystem zu den Teilsystemen des Basissystems, der Arbeitsbelastung und dem Fahrwerk-Boden Kontakt, dargestellt durch ausgegraute Symbole.

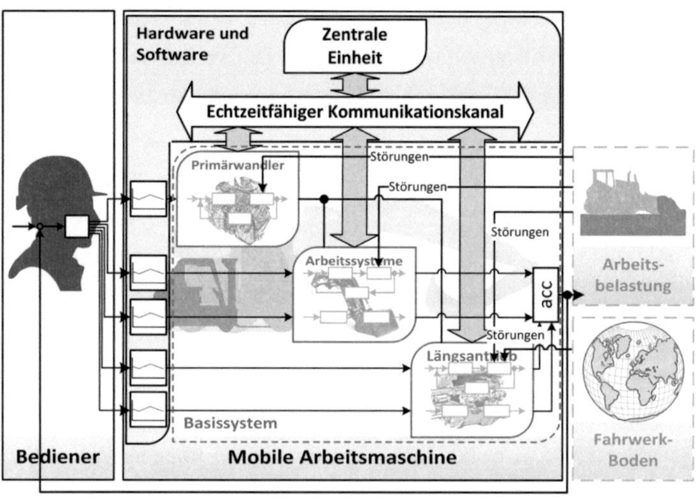

Bild 2.7: Steuerungssystem mobiler Arbeitsmaschinen

Der Bediener agiert als Universal-Führungsgrößengeber und übergeordneter Regler, der den Arbeitsprozess überwacht und vorgibt. Eingestellt werden beispielsweise die Drehzahl des Primärwandlers, Getriebeuntersetzung, Volumenströme der Arbeitshydraulik, Drehzahl der Zapfwelle oder

Zustände an Differenzialsperre und Allradkupplung. Im Steuerungssystem der Maschine hinterlegte a priori parametrierte statische Kennlinien wandeln die Fahrerinformation in für die einzelnen Subsysteme interpretierbare Führungsgrößen. Die innerhalb der Subsysteme im Basissystem unterlagerten Regelkreise und Steuerungen sorgen für die Einhaltung und Umsetzung der Führungsgröße. Auf die Regelkreise wirken darüber hinaus Störungen aus Arbeitsbelastung und Fahrwerk-Boden Kontakt. Die verwendeten Regler und Kennlinien müssen entsprechend zu einem robusten Gesamtsystemverhalten führen. Die Ausgangsgrößen der einzelnen Teilsysteme kummulieren im vernetzten System durch physikalische Zwangsbedingungen zum Arbeitsprozess („acc"), der vom Bediener überwacht wird. In der Abbildung sind die Regelkreise und Steuerungen lediglich angedeutet, hierarchisch untergeordnete Strukturen bleiben unberücksichtigt.

Darüber hinaus können die Einheiten moderner mobiler Arbeitsmaschinen über einen echtzeitfähigen Kommunikationskanal, in der Regel ein CAN-Bus System, miteinander verbunden sein, um etwa Informationen an den Fahrer weiterzugeben. Eine zentrale Einheit sorgt in der Regel für die Überwachung und Diagnose innerhalb des Gesamtsystems und fungiert durch die Verteilung von Informationen auf verschiedene Bussysteme als Gateway. Dadurch ergeben sich ebenfalls weitere Möglichkeiten für die Unterstützung des Bedieners bei der Betriebsführung der Maschine. In Seeger [91] ist hierzu zu lesen: „Wegen der Vielschichtigkeit der gleichzeitig zu berücksichtigenden Faktoren und der sich ständig ändernden Betriebszustände ist der Fahrer in der Regel nicht in der Lage, die Betriebspunkte von Motor, Getriebe und Gerät im Verbund optimal einzustellen. Durch die Verknüpfung der Steuergeräte über den CAN-Bus und die Steuerung und Regelung durch ein übergeordnetes Managementsystem kann die Arbeitseffektivität und -qualität weiter gesteigert werden."

Stand der Technik in vielen mobilen Arbeitsmaschinen sind heute teilautomatisierte Systeme für einzelne Einheiten, wie Motor-Getriebe Verbundsteuerungen, welche bei Traktoren mit Stufenlosgetrieben im Wesentlichen auf die Arbeiten von Seeger und Brunotte [92, 15] zurückzuführen sind. In Seeger [92] wird ein Konzept zur Optimierung der Flächenleistung von Traktoren mit stufenlosem Getriebe bei schweren Zugarbeiten vorgestellt. Hier wird der Verbrennungskraftmaschine eine gewisse Drückungsdrehzahl bei Nenndrehzahl vorgegeben. Die Arbeiten von Brunotte [15] konzentrieren sich auf den Teillastbereich und ergänzen somit die Arbeiten von Seeger [92]. Der Regler stellt den Betriebspunkt des Motors gemäß Schnittpunkt der aktuell erforderlichen Leistung und der verbrauchsoptimalen Kennlinie ein. Die Getriebeuntersetzung ergibt sich aus der aktuellen Motordrehzahl. Ebenfalls werden derzeit in modernen Traktoren Schlupfregelungen eingesetzt, die in Abhängigkeit des gemessenen und des maximal zulässigen Schlupfs die Stellgröße Hubwerkshöhe samt angehängtem Bodenbearbeitungsgerät einstellen. Für Differentialsperren und Allradkupplungen werden teilautomatisierte Steuerungen eingesetzt, die abhängig von der aktuellen Fahrgeschwindigkeit und dem Lenkwinkel geschlossen bzw. geöffnet werden [4].

In von Hoyningen-Huene et. al. [103] wird eine Traktor-Geräte-Automatisierung vorgestellt. Hier tauschen Traktor und Anbaugerät bidirektional Informationen aus. Das Gerät wird über den standardisierten ISOBUS mit dem Traktor verbunden und kann sowohl traktorinterne Daten empfangen als auch Änderungen von Traktorparametern anfordern. Damit lassen sich beispielsweise die Effizienz erhöhen und Arbeitsprozesse automatisieren. In Pfab et. al. [77] werden aktuell eingesetzte teilautomatisierte Funktionen auf Basis des echtzeitfähigen Kommunikationskanals für Radlader vorgestellt. So sind u. a. eine Tempomatfunktion, eine Zugkraftbegrenzung, ein automatisches Reversieren und eine Grenzlastregelung implementiert.

Darüber hinaus sind weitere Forschungsansätze für Teilverbundautomatisierungen aus einschlägigen Veröffentlichungen bei mobilen Arbeitsmaschinen bekannt. Bliesener [7] gibt hier einen unvollständigen Überblick. Schumacher et. al. [88] befasst sich darüber hinaus ebenfalls mit den aktuellen Entwicklungen von Betriebsstrategien und weist besonders auf die Potenziale einer Verbundautomatisierung zur Optimierung von Traktoren hin. Hier werden Teilsysteme wie z. B. Motor-Getriebe oder Motor-Zapfwelle im Verbund betrachtet. Pichlmaier [78] stellt ein Traktionsmanagement für Großtraktoren vor, welches den echtzeitfähigen Kommunikationskanal und die zentrale Einheit zum Aufbau eines Assistenzsystems verwendet. Ziel ist es, dem Bediener auf Basis von hinterlegtem Expertenwissen und Simulationsmodellen Vorgaben zu beispielsweise Ballastierung und Reifendruck geben zu können, um dadurch die Effizienz zu steigern. In Forche [27] wird mit der Verbundoptimierung von Arbeitshydraulik und Primärwandler ein Antriebsstrangmanagementsystem für Hydraulikbagger vorgestellt, welches aus dem Volumenstrombedarf und dem Lastdruck über eine Pumpen- und Motorkennlinie die notwendige Motordrehzahl für einen verbrauchsoptimierten Betrieb der Verbrennungskraftmaschine errechnet. In Schumacher et. al. [89] wird unter dem Namen „Best Point Control" eine Verbundoptimierung für Verbrennungsmaschine und hydrostatische Fahrantriebe diskutiert. Kernpunkt ist der Betrieb des Dieselmotors im wirkungsgradoptimalen Betriebspunkt bezogen auf die jeweils angeforderte Leistung in Kombination mit einer sequenziellen Verschwenkung der Hydrostaten.[5]

Aus der Zusammenstellung geht hervor, dass auch aktuelle Forschungsentwicklungen im Wesentlichen auf der Grundstruktur in Bild 2.7 aufbauen. Wie im Folgenden erläutert wird, zeigt die Abbildung ein dezentrales Steuerungssystem. Litz [64] differenziert die Eigenschaft *dezentral* wie folgt:

- **für die Art der gerätetechnischen Realisierung:** Bei einem dezentralen Steuerungssystem enthält jedes Teilsystem des Basissystems seinen eigenen Regler.

---

[5]Es ist darauf hingewiesen, dass weder die Liste aktuell eingesetzter Betriebsstrategien für mobile Arbeitsmaschinen, noch die Aufzählung aktueller Entwicklungen in diesem Bereich komplett ist.

- **für die Struktur des Informationsflusses**: Die Teilsysteme verwenden zur Einstellung Ihrer Regel- bzw. Steuergröße lediglich Informationen aus ihrem Teilsystem.

- **für das Berechnungs- und Entwurfsverfahren:** Zur Auslegung des dezentralen Reglers werden lediglich das mathematische Modell des ihm zugeordneten Teilsystems unter der Berücksichtigung der Kopplungen zu den direkten Nachbarn herangezogen.

Aus Bild 2.7 ist direkt ersichtlich, dass das Steuerungssystem bezüglich der Art der gerätetechnischen Realisierung dezentral aufgebaut ist. Unter der Berücksichtigung, dass der echtzeitfähige Kommunikationskanal vorwiegend zur Informationsübertragung an den Bediener und der Diagnose dient, und gleichzeitig der Informationsaustausch unter den Einheiten zur Optimierung im Verbund nur sehr begrenzt stattfindet und schon gar nicht das Gesamtsystem umfasst, kann auch bei der Struktur des Informationsflusses von dezentral gesprochen werden. In Martinus [70] wird der dezentralstrukturierte Entwicklungsprozess für mobile Arbeitsmaschine anhand des Vorgehensmodells (V-Modell) beschrieben, das Berechnungs- und Entwurfsverfahren zur Auslegung der Teilsysteme ist demzufolge ebenfalls dezentral.

2.4 Verständnis komplexer Systeme

Die zu Beginn dieses Kapitels aufgeworfene Fragestellung beinhaltet neben dem Begriff *mobile Arbeitsmaschine* das *komplexe System*. Da dessen genaue Bedeutung, wenngleich im Ingenieurssprachgebrauch häufig verwendet, a priori nicht als bekannt vorrauszusetzen ist, dient dieses Kapitel der begrifflichen Klärung, bevor schließlich die Klärung der Leitfrage angegangen werden kann.

Mobile Arbeitsmaschinen werden in dieser Arbeit, wie Eingangs erwähnt, als technische Systeme betrachtet. Generell bilden Systeme einen

Eingang auf einen Ausgang ab. Die technische Umsetzung dieser Abbildung steht in der Systemtheorie nicht im Vordergrund. Die DIN IEC 60050-351 [1] verwendet zur Darstellung eines technischen Systems sog. *Blockschaltbilder* oder *Strukturbilder*.

Die Betrachtung der mobilen Arbeitsmaschine als technisches System lässt, wie bereits gezeigt, deren Gliederung in Teil- oder Subsysteme zu. „Diese Modelle dienen der Beschreibung der inneren Zusammenhänge des Systems bzw. der Bedeutung eines Subsystems im Kontext des übergeordneten Systems. Der Ausgang eines Teilsystems ist somit Eingang eines oder mehrerer anderer. Durch diese Struktur kann das Gesamtsystem eine oder mehrere Funktionen besitzen, die nicht aus der Struktur der Einzelsysteme gefolgert werden können." [84] In diesem Kontext definiert Wasson [105] ebenfalls den Begriff des *technischen Systems*, eine Definition, die sich für die Betrachtung einer mobilen Arbeitsmaschine als technisches System eignet. Demgemäß ist ein System eine „integrierte Menge an interagierenden Einheiten, jede mit explizit spezifizierten und begrenzten Fähigkeiten, die miteinander synergetisch arbeiten, um einen wertsteigernden Prozess auszuführen und einen Benutzer unterstützen, seine auftragsbezogenen Anforderungen in einer klar vorgesehenen Umwelt durch ein spezifiziertes Ergebnis zu genügen." „Integrierte Menge" bedeutet, dass ein System „aus hierarchischen Ebenen von physikalischen oder sonstigen Einheiten oder Komponenten besteht. Die Einheiten und Komponenten tauschen sich miteinander aus, da sie miteinander kompatibel sein müssen, um eine synergetische Wertsteigerung des Systems zu gewährleisten" [9].

Mit dem Fokus auf der Betrachtung der integrierten Menge können *komplexe Systeme* spezifiziert werden: in der Systemtheorie nach Mesarovic et. al. [71] werden komplexe Systeme allgemein als Systeme von Subsystemen definiert. In Zahn [108] werden Systeme als *komplex* bezeichnet, wenn sie einen hohen Varietätsgrad (Anzahl Elemente i. a. > 5) und einen hohen Konnektivitätsgrad aufweisen. Dies bedeutet, dass sie „durch eine hohe Elementvielfalt (Anzahl und Arten von Elementen) und eine hohe Bezie-

hungsvielfalt (Anzahl und Arten von Beziehungen) gekennzeichnet sind."
[25] Lee [63] weist darauf hin, dass Komplexität oftmals die Schwierigkeit
bedingt, ein System zu handhaben, da es schwierig ist, den Ausgang einer
Aktion vorherzusagen. Cardoso [18] charakterisiert Komplexität durch die
folgenden Punkte :

- **Struktur**: Ein komplexes System ist ein potentiell hoch-strukturiertes
  System, welches eine sich anpassende Struktur besitzt.

- **Konfiguration**: Komplexe Systeme haben eine große Anzahl möglicher Anordnungen ihrer Einheiten.

- **Interaktion**: In einem komplexen System gibt es eine Vielzahl an
  Interaktionen zwischen vielen verschiedenen Einheiten.

- **Inferenz**: Die Struktur des Systems und dessen Verhalten können
  nicht von der Struktur und dem Verhalten der Einheiten abgeleitet
  werden.

- **Antwort**: Einheiten können ihr Verhalten an Veränderungen des angrenzenden Systems anpassen.

- **Verständnis**: Ein komplexes System ist aufgrund des Designs oder
  der Funktionalität, oder beides, schwierig zu verstehen und zu überprüfen.

Diese Definitionen zeigen, dass es für die Zuweisung eines Systems zur
Klasse der komplexen Systeme keine klare und allgemein anerkannte Definition gibt. Stattdessen ist der Übergang fließend. Die Definition nach
Lee [63] deutet darüber hinaus an, dass die Auswirkung von Komplexität
beobachterabhängig und dadurch subjektiv ist. Je nach Betrachtungsebene können differenzierte Schlüsse zum Systemverhalten gezogen werden.
Betrachtungen des Systems auf einer übergeordneten Ebene lassen gegebenenfalls mehr Schlüsse über den Ausgang des Gesamtsystems zu, als

Beobachtungen einer untergeordneten Ebene. Darüber hinaus ist es für den Betrachter je nach Systemkenntnis einfacher oder schwieriger, Aussagen zum Ausgang einer Aktion zu machen. Daher bleibt die Beurteilung teilweise subjektiv.

2.5 Erörterung der mobilen Arbeitsmaschine als komplexes System

In wie weit ist eine mobile Arbeitsmaschine ein komplexes System? Bei der Beantwortung dieser Fragestellung tritt die Schwierigkeit auf, dass mobile Arbeitsmaschinen sehr vielfältige Ausprägungen annehmen. Um dennoch eine wissenschaftliche Auseinandersetzung mit dieser Leitfrage durchführen zu können, werden die Modelle mobiler Arbeitsmaschinen aus dem bisherigen Verlauf der Arbeit herangezogen. Bei deren Beschreibung wurde bereits darauf hingewiesen, dass einzelne Merkmale in den einzelnen mobilen Arbeitsmaschinen unterschiedlich stark ausgeprägt sind. Für eine konkrete mobile Arbeitsmaschine müssen daher die folgenden Ausführungen mehr oder weniger stark eingeschränkt werden.

Die methodische Beantwortung erfolgt durch einen Vergleich dieser Modelle mit den genannten Merkmalen zur Definition eines komplexen Systems nach Cardoso [18] auf Seite 28. Hier werden mehrere Merkmale genannt, die dadurch zu einer umfassenden Beleuchtung beitragen:

- **Struktur**: Mit Verweis auf Kapitel 2.2 und 2.3 zeigt sich, dass eine mobile Arbeitsmaschine eine hierarchische Struktur aufweist. Das Modell des Längsantriebs aus Bild 2.4 identifiziert vier hierarchische Ebenen, gemeinsam mit der nicht-dargestellten Gesamtfahrzeug-Ebene, ergeben sich sogar fünf Ebenen. Zudem lassen sich hierbei, ähnlich wie in Bild 2.3 gezeigt, die Hydrostaten als Subsystem im „Hydraulischen Zweig" nochmals in Teilsysteme zerlegen. Eine genaue Zahl, wieviele hierarchische Ebenen eine mobile Arbeitsmaschine besitzt, ist also modellabhängig und pauschal nicht zu beantworten. Dennoch deutet das Modell aus Bild 2.4 eine im Verhältnis zur Auffassungsgabe eines durchschnittlich ausgebildeten Ingenieurs hoch-strukturierte Ausprägung an. Darüber hinaus ist diese Struktur gewissermaßen adaptiv, da sich beispielsweise der Bediener als Teil des Steuerungssystems an äußere Umstände anpassen kann.

- **Konfiguration**: Die Tätigkeit mancher mobiler Arbeitsmaschinen zeichnet sich erst durch Anbaugeräte aus. Wird die Systemgrenze der mobilen Arbeitsmaschine um das Anbaugerät gezogen, sind somit unterschiedliche Konfigurationen möglich. Mit unterschiedlichen Anbaugeräten stellen sich in der Arbeitsmaschine zudem die Leistungsflüsse zum ordentlichen Betrieb des Anbaugeräts ein. In diesem Sinne haben einige Vertreter mobiler Arbeitsmaschinen eine große Anzahl möglicher Anordnungen ihrer Einheiten.

- **Interaktion**: Ebenfalls mit Verweis auf Kapitel 2.2 und 2.3 wird begründet, dass mobile Arbeitsmaschinen im Verhältnis zu anderen Maschinen eine Vielzahl von Interaktionen zwischen den Einheiten besitzen. Beispielsweise interagieren die beiden Modelle des hydraulischen Arbeitssystems und des Längsantriebs aus Bild 2.3 und 2.4 über die Drehzahl der Energiequelle miteinander. Weitere Interaktionen listet Tabelle 2.2 auf.

- **Inferenz**: Betrachtet man beispielsweise die Komponente „Kapazität" auf der Ebene „Hydraulischer Zweig" im Längsantrieb aus Bild 2.4, so kann man durch eine Parameteränderung auf dem Standpunkt menschlicher Auffassungsgabe nicht ohne weiteres auf deren Auswirkung auf das Gesamtsystem schließen, schon gar nicht, wenn man dadurch Rückschlüsse auf globale Effekte wie beispielsweise den Gesamtwirkungsgrad ziehen möchte. Auf der Betrachtungsebene „Hyraulischer Zweig" zeigt das Gesamtsystem Eigenschaften, welche nicht durch dessen Verhalten abgeleitet werden können.

- **Antwort**: Es wurde bereits darauf hingewiesen, dass der Bediener als Teil des Steuerungssystems in der Lage ist, sein Verhalten an Veränderungen des angrenzenden Systems, wie z. B. den Fahrwerk-Boden Kontakt, anzupassen. Im Modell des Basissystems, in dem das Arbeitsgerät als angrenzendes System außerhalb der Systemgrenzen liegt, ist das Basissystem darüber hinaus in der Lage, sich bezüglich seiner internen Leistungsflüsse an das angrenzende Anbaugerät anzupassen.

- **Verständnis**: Ein Verständnis der mobilen Arbeitsmaschine ist aufgrund der Vielzahl an Funktionalitäten abhängig von der Betrachtungstiefe beliebig schwierig. Die Überprüfung des Gesamtsystems hinsichtlich der Erfüllung der Spezifikation ist wegen der Vielzahl unterschiedlicher Randbedingungen nur für einen kleinen Arbeitsbereich möglich, bzw. gestaltet sich für einen größeren Arbeitsbereich besonders aufwändig.

Alleine aus den Definitionen von komlexen Systemen in Kapitel 2.4 heraus zeigt sich, dass sich komplexe Systeme nicht eindeutig von nicht-komplexen Systemen abgrenzen lassen. Bei allen gefundenen Definitionen ist hier ein beliebig dehnbarer unscharfer Übergangsbereich identifizierbar. Allein die Tatsache, dass Komplexität mit der menschlichen Auffassungsgabe in Verbindung gebracht wird, zeigt die beobachterabhängige Definition und dadurch eine gewisse Subjektivität. Dennoch kann der Schluss gezogen werden, dass die in diesem Kapitel aufgebauten Modelle für mobile Arbeitsmaschine bezüglich der Definition von Cardoso [18] in allen Merkmalen als komplexe Systeme angesehen werden können.

Mit Blick auf mittelfristige Entwicklungen bei mobilen Arbeitsmaschinen kann gezeigt werden, dass mobile Arbeitsmaschinen zukünftig an Komplexität zunehmen werden. Denn es zeichnet sich basierend auf aktuellen Beobachtungen allgemein ein Trend zur Erhöhung der Funktionsvielfalt ab, wodurch i. A. die Komplexität steigt. Mit dem eingeschränkten Blick auf den Antriebsstrang, unter expliziter Ausgrenzung von Entwicklungen bei Komponenten und Prozessen, werden diese Behauptungen anhand dreier Argumente begründet:

- **Elektrifizierung des Antriebsstrangs:** Unter der Elektrifizierung des Antriebsstrangs wird im Wesentlichen die Integration eines Hochspannungsnetzes in die mobile Arbeitsmaschine verstanden, welche es ermöglicht, signifikante elektrische Leistungen zu übertragen. Die Elektrifizierung gehört bereits heute zum Stand der Technik bei Staplern, hält darüber hinaus allerdings Einzug in andere Bereiche mobiler Arbeitsmaschinen. Unter Nutzung der spezifischen Vorteile elektrischer Systeme ergeben sich dadurch neben Effizienzsteigerungen und präziser Regelbarkeit der Abtriebe neue Möglichkeiten für das Gesamtfahrzeug. Im landtechnischen Bereich stellte das Unternehmen *John Deere* auf der Agritechnica den ersten Traktor mit einer elektrischen Nennleistung von 20 kW bei 480 V [16] vor. Dessen Hochvoltnetz dient in erster Linie zur bedarfsgerechten Ansteuerung der HuN. Darauf aufbauend wird in Hahn [38] eine elektrische Schnittstelle zum Anbaugerät vorgestellt. Da es sich bei der Traktor-Geräteschnittstelle um eine offene Schnittstelle handelt, gründete die internationalen Branchenorganisation „Agricultural Industrial Electronics Foundation (AEF)“ die Projektgruppe „High Voltage“, um die Schnittstelle zu normieren und damit die Basis für eine breite Durchdringung dieser Technologie zu schaffen. Der auf der Agritechnica 2011 vorgestellte Entwicklungsstatus der Schnittstelle überträgt bis zu 150 kW elektrische Leistung bei bis zu 700 VDC bzw. 480 VAC [41]. Darüber hinaus sind derzeit Untersuchungsergebnisse zu einem diesel-elektrischen Traktor veröffentlicht, bei dem sämtliche Abtriebe des Traktors über das Hochspannungsnetz versorgt werden [33, 107]. Insbesondere seit dem Jahre 2010 liegen in diesem Bereich jährlich zahlreiche Veröffentlichungen vor, die Vorteile gegenüber konventionellen Antriebssystemen zeigen [99, 100, 101].

Zusammenfassend schreibt Karner et. al. [47]: „Die breite Einführung von elektrisch betriebenen Landmaschinen wird in 5 bis 10 Jahren erwartet."

- **Hybridisierung:** Ein Hybridantrieb wird gemäß der Definition aus Thiebes [96] charakterisiert durch die Kombination mehrerer verschiedener Antriebe und zugehöriger Quellen sowie der Fähigkeit der Rückgewinnung und Speicherung von Bewegungs- und/oder Lageenergie. Neben der Verbrennungskraftmaschine (VKM) als Primärwandler muss also ein rückspeisefähiger Antrieb samt Speicher vorliegen, im Falle mobiler Arbeitsmaschinen hauptsächlich elektrische oder hydraulische Antriebe. Mögliche Vorteile für deren Einsatz in mobilen Arbeitsmaschinen werden in Götz et. al. [34] zusammengestellt: reduzierter Kraftstoffverbrauch, erhöhte Produktivität, reduzierte Emissionen, geringere Betriebskosten und zusätzliche Funktionen. „Begünstigt durch aktuelle Entwicklungen im Bereich der Elektrifizierung des Antriebsstrangs mobiler Arbeitsmaschinen, der Hybridisierung im PKW-Bereich und dem öffentlichen Interesse sind seit etwa 2006 hybridgetrieben mobile Arbeitsmaschinen sowohl als Prototypen als auch als Serienmachinen zu finden." [96] Zu diesem Thema ist ebenfalls eine Stellungsnahme des Bundesministerium für Bildung und Forschung (BMBF) aus dem Jahre 2004 veröffentlicht: „Genauere Einschätzungen und eingehende Untersuchungen zur Verifizierung der tatsächlichen Vorteile von Hybridkonzepten in unterschiedlichen Anwendungsszenarien haben gezeigt, dass die alleinige weitere Verbesserung des Verbrennungsmotors nicht ausreicht, sondern dass erst die Einbeziehung von Hybridkonzepten zu nachhaltigen Einspareffekten führt." [8] Aktuelle Veröffentlichungen aus [31, 32] belegen ebenfalls das große Interesse der Branche zur Einführung der Hybridtechnologie in ausgewählte Bereiche der mobilen Arbeitsmaschinen.

- **Stufenlose Getriebe:** Aktuell lässt sich eine breite Durchdringung stufenloser Leistungswandlungen in Antriebssträngen mobiler Arbeitsmaschinen feststellen. In hydraulischen Antriebssystemen sind mittlerweile LS-Systeme Stand der Technik bei Maschinen der mittleren und höheren Leistungsklassen. Auf die Einführung des elektrischen Antriebsstrangs mit dessen Vorteil der Entkopplung von Abtrieb und Antrieb wurde bereits eingegangen. Nebenverbraucher können damit ebenso stufenlos angetrieben werden wie Leistungsabnehmer auf dem Arbeitsgerät. Ein stufenlos leistungsverzweigtes elektro-mechanisches Zapfwellengetriebe unter Anbindung an den elektrischen Antriebsstrang wird in Gugel et. al. [37] vorgestellt. Seit der Einführung des ersten Stufenlosgetriebes im Fahrantrieb des Fendt Vario 926 aus dem Jahre 1995 zeigt sich auch hier eine immer breitere Durchdringung in Traktoren. „Bis heute haben alle für Mittel- und Westeuropa bedeutenden Traktor- und Traktorgetriebehersteller ihr Produktportfolio um stufenlose Fahrgetriebe für die mittleren und höheren Leistungsklassen erweitert und ausgebaut." [35] Die Weiterentwicklung hydrostatisch-leistungsverzweigter Getriebe hin zu preiswerteren und effizienteren Einheiten führt aktuell dazu, dass deren Einsatz ebenfalls in Radladern [55, 5] und stufenlosen Zapfwellengetrieben [10] untersucht wird.

Es handelt sich bei dieser kurzen Zusammenstellung um eine konservative und mittelfristige Extrapolation zukünftiger Entwicklungen anhand aktueller Veröffentlichungen aus einschlägigen Veranstaltungen und Zeitschriften. Weiter zeigt sich, dass die Beispiele überwiegend aus dem Bereich der Landtechnik stammen. Grund dafür ist, dass die Landtechnik traditionsgemäß eine Vorreiterrolle für Entwicklungen im Bereich der mobilen Arbeitsmaschinen besitzt.

2.6 Konsequenzen

Die Identifikation der mobilen Arbeitsmaschine als komplexes System lässt
in Verbindung mit dem aus Kapitel 2.3 bekannten dezentralen Steuerungssystem für mobile Arbeitsmaschinen auf ein Spannungsfeld schließen, wor-
aus konkret drei Konflikte resultieren:

1. Eine dezentrale Betrachtung und Regelung eines nicht-linearen Mehr-
   größensystems führt zu unvorhergesehenen Effekten.

2. Durch Einwirkung externer Störungen einer a priori statisch-kennfeldgesteuerten Maschine ist keine ganzheitliche Optimierung möglich.

3. Die Gewährleistung von Robustheit steht bei mobilen Arbeitsmaschinen besonders im Konflikt mit der Optimierung einer Zielfunktion.

Im Folgenden werden die einzelnen Konflikte näher beleuchtet.

**Eine dezentrale Betrachtung und Regelung eines nicht-linearen Mehr-
größensystems führt zu unvorhergesehenen Effekten.**

Eine dezentrale Betrachtung und Regelung bietet vor dem Hintergrund einer komplexen mobilen Arbeitsmaschine insbesondere die Vorteile, dass
sich die Teilsysteme in isolierter Form soweit mit den üblichen Methoden
regeln lassen, dass die lokale Regelungsaufgabe erfüllt werden kann. Das
komplexe Gesamtsystem „mobile Arbeitsmaschine" kann auf diese Weise
in Teilsysteme mit geringerer Komplexität zerlegt werden. Ein weiterer wesentlicher Vorteil liegt in der schrittweisen Durchführung von Erprobungs-
tests, Inbetriebnahme und Wartung.

Dezentrale Regler, die wie im Falle mobiler Arbeitsmaschinen nur ihr
eigenes Teilsystem berücksichtigen, können der Theorie nach dann sinnvoll eingesetzt werden, wenn das sog. *Kopplungsmaß* [66] klein ist. Kopp-

lungsmaße quantifizieren den Einfluss eines Eingangs des einen Regelkreises auf den Ausgang des oder der anderen Regelkreises oder Regelkreise. Die Berechnung solcher Kopplungsmaße bedingen allerdings ein Zustandsraummodell der Gesamtstrecke, welches im Falle mobiler Arbeitsmaschinen i. A. nicht vorhanden ist. Dies ist insbesondere der Tatsache geschuldet, dass ausreichend genaue Modelle nichtlinear sind und keine ausgewiesenen Arbeitspunkte besitzen. Schlussfolgernd können keine Kopplungsmaße zur Bewertung der Tauglichkeit dezentraler Regelungen über den gesamten Arbeitsbereich ermittelt werden. Allerdings weisen die Beispiele aus Tabelle 2.2 darauf hin, dass es Betriebsbereiche gibt, in denen die Kopplungsmaße nicht klein sind. Dies kann schließlich dazu führen, dass das Gesamtsystem im Rahmen der Auslegung des dezentralen Steuerungssystems nichtdeterministisches Verhalten zeigt. Da die nicht vernachlässigbaren Querkopplungen außerhalb der einzelnen Modellgrenzen liegen, verhält sich das Gesamtsystem anders als auf Basis der „addierten" Teilsysteme errechnet. Je nach Arbeitsbereich kann so im Auge des globalen Betrachters aufgrund spontaner lokaler Interaktionen ein unerwartetes Verhalten auftreten. Dieser Effekt ist ebenfalls als *Emergenz* [36, 95] bekannt[6].

Es ergeben sich durch den Schluss, dass das Verhalten des Gesamtsystems zum Zeitpunkt seiner Entwicklung nicht vollständig a priori bekannt ist, weitreichende Folgen für den Produktentwicklungsprozess (PEP) mobiler Arbeitsmaschinen. Das komplexe Gesamtsystem kann unbeabsichtigt negatives Verhalten entwickeln, welches im Falle mobiler Arbeitsmaschinen, neben der Beeinträchtigung der Zuverlässigkeit und Sicherheit, die Charakteristik des Gesamtsystems beeinflussen kann. Daher müssen soz. a posteriori Maßnahmen ergriffen werden, um die Betriebsparameter in ausführlichen Tests aufeinander abzustimmen. Problematisch zeigt sich dieser Entwicklungsschritt insbesondere bei mobilen Arbeitsmaschi-

---

[6]„Emergenz ist das Phänomen, das auftritt, wenn eine Gesamtheit von miteinander verbundenen relativ einfachen Einheiten sich in derart selbstorganisieren, dass sie ein geordnetes Verhalten auf höherer Ebene zeigen." [46]

nen, denn aufgrund der Vielzahl unterschiedlicher äußerer Einflüsse sind eine große Menge an verschiedenen Tests nötig. Das Ergebnis ist aufgrund der Verwendung statischer Kennfelder lediglich als „kleinster gemeinsamer" Kompromiss zu sehen. Aufgrund dieser Argumentationskette wird ebenfalls klar, dass mobile Arbeitsmaschinen robust sein müssen. Bietet der Kompromiss durch Vergleich mit der Spezifikation keine befriedigende Lösung, so müssen tiefgreifendere Änderungen durch Iterationen im PEP vorgenommen werden. Dadurch sinkt der Erfolg für Produktentwicklungen, da sich die nach Cromberg [19] als Erfolgsfaktoren gesehene Zielgrößen Qualität, Zeit im Sinne von „Time-to-Market" und Kosten verschlechtern.

Aufgrund der isolierten Betrachtungsweise der Teilsysteme können diejenigen Freiheitsgrade der Maschine, die über die Erfüllung der eigentlichen Regelungsaufgabe hinaus gehen, nicht dazu eingesetzt werden, die Maschine ganzheitlich zu betrachten und zu optimieren. Vielmehr führt die dezentrale Betrachtungsweise in solchen Fällen bestenfalls zu einer Optimierung des Teilsystems. Die Optimierung aller Teilsysteme kummuliert generell allerdings nicht zur Optimierung des Gesamtsystems. Ein einfaches Beispiel hierfür ist die Einführung der Stufenlosgetriebe in Traktoren. Wenngleich durch das Stufenlosgetriebe ein Teilsystem in Traktoren eingefügt wurde, welches einen schlechteren Einzelwirkungsgrad als gestufte mechanische Getriebe besitzt, so wird der Wirkungsgrad des Gesamtsystems damit trotzdem in weiten Arbeitsbereichen verbessert.

Durch Einwirkung externer Störungen einer a priori statisch-kennfeldgesteuerten Maschine ist keine ganzheitliche Optimierung möglich.

Statische Kennfelder sind zur Steuerung von komplexen Maschinen weit verbreitet [23], da sie schnell ausführbar sind, dadurch geringe Rechenleistung benötigen, und deterministisches Verhalten zeigen. In Zusammenhang mit der Steuerung von mobilen Arbeitsmaschinen und dem Hintergrund der zahlreichen und vielseitig auftretenden externen Störungen führt dies allerdings zu einer Reihe von Problemen.

Zur Parametrierung des kennfeldbasierten Steuerungssytems mobiler Arbeitsmaschinen werden gewisse idealisierte Modelle der äußeren Einflüsse angenommen. Die äußeren Einflüsse lassen sich nach Bild 2.2 unterteilen in Fahrwerk-Boden Kontakt, menschlicher Bediener und Arbeitsbelastung. Idealisierte Modelle sind diesbezüglich ein Fahrwerk-Boden Kontakt, bei dem der Schlupf im wirkungsgradgünstigen Bereich liegt, sowie ein menschlicher Bediener, der die Arbeitsbelastung nahe an der Leistungsgrenze hält. Unter diesen Voraussetzungen arbeitet die Maschine nahe an seinem vorgegebenen Optimum. Externe Störungen werden in diesem Zusammenhang nach der Definition von Slotine et. al. [93] als Abweichung vom idealisierten Modell der äußeren Einflüsse gesehen. Ihnen kommt aufgrund des vielseitigen Auftretens bei mobilen Arbeitsmaschinen eine besondere Bedeutung zu. Hierauf weist Lang [62] gesondert hin, indem er mobile Arbeitsmaschinen indirekt über die wechselhaften Einsatzbedingungen definiert und darauf hinweist, dass es praktisch unmöglich ist, Lastfälle vorherzusagen. Der Arbeitsprozess vieler Land- und Baumaschinen, sowie Kommunalfahrzeuge zeichnet sich beispielsweise erst durch ein Anbaugerät aus, mit welchem die Maschine modular erweitert wird. Alleine aufgrund der Vielfalt unterschiedlicher Anbausysteme, selbst unter Ausblendung unterschiedlichster Umgebungsbedingungen, wie beispielsweise der vielfältigen Fahrbahnbeläge, sind Kenntnisse hierüber a priori immer unvollständig, sodass sie nicht im Einzelnen berücksichtigt werden können und als Störungen angesehen werden müssen.

Letztendlich ist es die Aufgabe des Bedieners dafür Sorge zu tragen, dass diese idealisierten Belastungen vorliegen. Im Vorfeld bedeutet dies, das Arbeitsgerät und die Bereifung entsprechend auszuwählen, dass ein Betrieb an der Leistungsgrenze möglich ist. Der Einfluss des Bedieners während des Arbeitsprozesses wurde in Korlath [57] und Kunze et. al. [60] gezeigt. Beide konnten dessen große Bedeutung in Bezug auf die Betriebspunkte des Antriebsstrangs der mobilen Arbeitsmaschine zeigen. In diesem Zusammenhang schreibt ebenfalls Harms et. al. [40]: „Die Arbeitsergebnisse der Traktoren während des Einsatzes werden jedoch weiterhin vor allem durch die Erfahrungswerte und das Geschick des Fahrers beeinflusst". Zieht man in Betracht, dass der Fahrer durch immer komplexere Prozesse teilweise alleine mit der Prozessführung weitgehend ausgelastet ist [68], kommt dessen optimierte Ansteuerung der Betriebsparameter wenig Spielraum zu. Ähnlich äußert sich Harms et. al. [40]: „Wegen der Vielschichtigkeit der gleichzeitig zu berücksichtigenden Faktoren und der sich ständig ändernden Betriebszustände ist der Fahrer in der Regel nicht in der Lage, die Betriebspunkte von Motor, Getriebe und Gerät im Verbund optimal einzustellen".

Zusammenfassend kann gesagt werden, dass der idealisierte Lastfall sehr selten auftritt. Daraus folgt, dass a priori parametrierte Kennfelder im Falle mobiler Arbeitsmaschinen ebenfalls nur sehr selten den optimalen Betriebsbereich des Teilsystems und Gesamtsystems ansteuern. Je nach Randbedingungen besteht gar eine ausgesprochene Differenz zum Optimum.

Die Gewährleistung von Robustheit steht besonders bei mobilen Arbeitsmaschinen im Konflikt mit der Optimierung einer Zielfunktion.

Es ist bereits darauf eingegangen worden, dass die wesentliche Aufgabe einer mobilen Arbeitsmaschine die robuste Ausführung einer Arbeit ist. Aufgrund der erwähnten Fülle unterschiedlicher und oftmals unbekannter externer Störungen sowie der fehlenden Gesamtsystemkenntnis ist es schwierig, dass *Maß* [93] zu bestimmen, bis zu dem die Maschine *unempfindlich*, also stabil, ist. Hinzu kommt, dass sich bei der dezentralen Reglerauslegung nach Litz [64] bei der Verbundstabilität in vielen Fällen nur hinreichende Kriterien irrelevant kleiner Teile des tatsächlichen Stabilitätsgebiets überprüfen lassen. Die Auslegung zur Gewährleistung von Robustheit mittels a priori Parametrierung der statisch kennfeldbasierten

Steuerung und robustem Reglerentwurf muss daher derart konservativ erfolgen, dass Zielfunktionen nur peripher berücksichtigt werden können. In diesem Zusammenhang konnte Thiebes [96] allerdings anhand des Einsparpotenzials einer Hybridmaschine zeigen, wie wichtig eine auf die Maschine abgestimmte Betriebsstrategie zur Optimierung der Betriebsparameter ist: „Das [Basissystem] bestimmt, wieviel Energie eingespart werden kann, die Betriebsstrategie bestimmt, wie viel vom theoretischen Einsparpotenzial praktisch ausgenutzt wird. Andererseits kann es durch eine schlechte Betriebsstrategie, beispielsweise durch Modellabweichungen, sogar zu einem Mehrverbrauch gegenüber einer nicht-hybridisierten Referenzmaschine kommen." Müssen schlussfolgernd zur Erreichung von Robustheit tiefgreifende Maßnahmen zur Anpassung innerhalb des Steuerungssystems unternommen werden, so gibt es über viele Arbeitsbereiche hinweg keine Möglichkeit, die Zielfunktion zu berücksichtigen.

3 Neue Lösungsansätze eines Steuerungssystems für mobile Arbeitsmaschinen

Ein dezentraler kennfeldbasierter Steuerungsansatz ist in komplexen Maschinen weit verbreitet. Grund für den dezentralen Ansatz ist im Kontext der Komplexität insbesondere der Vorteil, dass das Gesamtsystem in Teilsysteme zerlegt werden kann, die isoliert betrachtet schrittweise aufgebaut und erprobt werden können. Ein kennfeldorientierter Aufbau gewährleistet darüber hinaus deterministische Eigenschaften und benötigt wenig Rechenleistung. Im besonderen Fall der komplexen mobilen Arbeitsmaschine konnte das zurückliegende Kapitel allerdings einige signifikante Probleme identifizieren. Diese resultieren aus den vielfältigen und wechselnden Randbedingungen sowie mannigfaltigen Arbeitsprozessen und Lastprofilen. Durch diese Kriterien zeichnen sich mobile Arbeitsmaschinen gegenüber anderen komplexen Maschinen aus. Da die zunehmende Komplexität mit einer vom Anwender geforderten Funktionserhöhung einhergeht, muss diese Entwicklung als Randbedingung betrachtet werden. Die Freiheit der Gestaltung des komplexen Gesamtsystems liegt im Wesentlichen im Steuerungssystem. Es stellt sich also die Frage, ob es, aufgrund der inhärenten signifikanten Probleme, Alternativen bei der Steuerung mobiler Arbeitsmaschinen gibt. Die technischen Voraussetzungen für ein umfassenderes und rechenintensiveres Steuerungssystem sind durch das mittlerweile fortgeschrittene Kommunikationsnetzwerk und die gestiegene Prozessorleistung bei sinkenden Kosten vorhanden.

Der Fokus dieser Arbeit liegt auf einer systematischen Betrachtung alternativer Steuerungsansätze. In Frage kommende Lösungsalternativen müssen bei mobilen Arbeitsmaschinen die Eigenschaften eines Regelkreises besitzen, die Suche konzentriert sich daher auf den Bereich derjenigen Methoden, die in irgendeiner Weise eine Rückführung besitzen. Ziel einer Regelung ist es, dem zu beeinflussenden System ein gewünschtes Verhalten aufzuprägen, und dieses gegen die Einwirkung von Störungen abzusichern. Wegen signifikanter Fortschritte bei der mathematischen Beschreibung von Systemen und verfügbarer Rechenleistung sind heute eine Vielzahl von Arbeiten veröffentlicht, die sich mit der Modellierung und Regelung komplexer Systeme beschäftigen. Eine unvollständige Zusammenstellung gibt z. B. Ioannou et. al. [45]. Die vorliegende Arbeit erhebt ebenfalls nicht den Anspruch, alle Ansätze der Regelung komplexer Systeme zu nennen, und deren Tauglichkeit für mobile Arbeitsmaschinen zu prüfen. Stattdessen werden im Folgenden einige bereits gut untersuchte und potenziell geeignete Ansätze genannt.

„Die konkrete Bestimmung des gewünschten Verhaltens, sodass eine vorgegebene Zielfunktion durch geeignete Wahl der verfügbaren technischen Daten ein Minimum oder Maximum erreicht, ist Aufgabe der Optimierung." [7] Diese steht nicht im Fokus dieser Arbeit. Eine zusammenfassende Darstellung bekannter Optimierungsverfahren kann Bliesener [7] entnommen werden.

3.1 Anforderungen an den Lösungsansatz

Grundsätzlich orientieren sich die Anforderungen an den Lösungsansatz eines Steuerungssystems für mobile Arbeitsmaschinen an der Vermeidung des aus Kapitel 2.6 identifizierten Spannungsfeldes unter Berücksichtigung der gegebenen Randbedingungen. Weiterhin muss die Robustheit des Gesamtsystems unter allen möglichen äußeren Einflüssen gewährleistet sein.

Wesentliche Randbedingung ist das Basissystem der mobilen Arbeitsmaschine. Hier treten physikalisch gegebene Restriktionen, sowohl für Steuer- als auch Regelgrößen, auf. Die vorhandenen Stelleinrichtungen und die

Dimensionierung der Maschine bringen es mit sich, dass Leistungsflüsse nur in bestimmten Bereichen manipuliert werden können. Auch sind die erreichbaren Verstellgeschwindigkeiten von Ventilen aus mechanischen oder elektromechanischen Gründen begrenzt. Für den Erfolg der Umsetzung in die reale Maschine muss zudem darauf geachtet werden, dass die derzeit zur Verfügung stehende Rechenleistung für ein Abbilden des Algorithmus in Echtzeit ausreichend ist. Generell ist die Rechenleistung in mobilen Anwendungen sehr begrenzt, wenngleich die Entwicklung zu immer leistungsfähigeren und preiswerteren Recheneinheiten geht. Die dem Basissystem zugeordneten und von Freimann [28] identifizierten kaskadierten unterlagerten Regelkreise auf Komponentenebene dürfen ebenfalls vom Steuerungssystem nicht außer Acht gelassen werden. Derartige Regelkreise besitzen unterschiedliche Taktzeiten und bedienen sich daher unterschiedlicher Kommunikationspfade.

Weiter ist das Basissystem als Resultat des PEP dezentral aufgebaut. Nach Martinus [70] werden dabei die einzelnen Teilsysteme oft getrennt voneinander entwickelt und später, unter genauen Schnittstellenvorgaben, in das Gesamtsystem integriert. Aktuelle Ansätze zum PEP mobiler Arbeitsmaschinen ordnen Spezifikations- und Testphasen der einzelnen Entwicklungsstände gegenseitig zu. Etabliert hat sich das so genannte V-Modell (Vorgehensmodell) [13] gemäß Bild 3.1. Lösungsansätze für das Steuerungssystem müssen diesen dezentralen Aufbau berücksichtigen.

„In diese Struktur gliedert sich mehr und mehr eine modellbasierte Vorgehensweise ein. Die gemeinsame Strategie modellbasierter Methoden liegt darin, Maschinensysteme und Reglerstrukturen in Simulationen am Rechner zu modellieren und in den einzelnen Schritten innerhalb der Softwareentwicklung miteinander effektiv zu verknüpfen." [70] Es wurde hierbei allerdings im zurückliegenden Kapitel erwähnt, dass es zum einen keine ausreichend genauen Modelle des komplexen Gesamtsystems über den gesamten Arbeitsbereich gibt, um damit alle Funktionalitäten im Detail festzulegen. Zum anderen sind die externen Wechselwirkungen einer mobilen

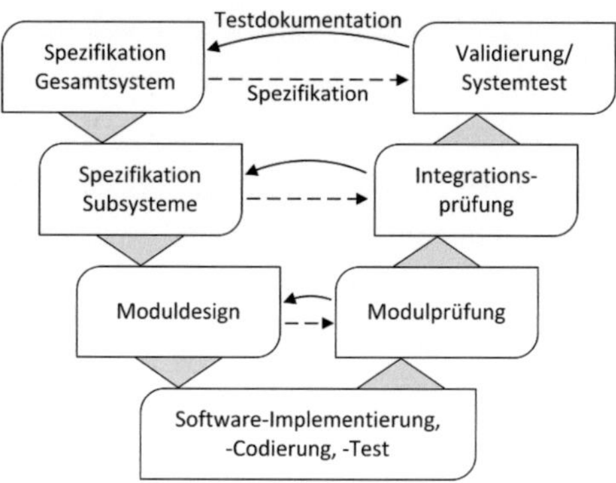

Bild 3.1: Das V-Modell für Entwicklungsprozesse von mechatronischen Systemen (nach [70])

Arbeitsmaschine derart vielfältig, dass nicht jeder Arbeitsbereich untersucht werden kann. Es werden derzeit statische Kennfelder eingesetzt, die
nicht auf die vorliegenden speziellen Randbedingungen hin angepasst sind,
sondern vielmehr im Mittel über einige untersuchte. Es wird daher die
Anforderung gestellt, dass sich das Steuerungssystem flexibel an die ge-
rade vorliegenden Randbedingungen anpassen muss. Um die Maschine in
diesem Sinne zu jeder Zeit optimiert betreiben zu können, muss das Steuerungssystem daher die für die Festlegung des Arbeitspunktes wesentlichen
Einflüsse aufnehmen und verarbeiten können. Als Konsequenz müssen anstelle der statischen Kennfelder quasi-statische oder dynamische Steuerungen verwendet werden. Da alle möglichen Randbedingungen, in denen sich
die mobile Arbeitsmaschine befinden kann, zum Entwicklungszeitpunkt
nicht bekannt sind, müssen adaptive Eigenschaften vorhanden sein, die im
Betrieb der mobilen Arbeitsmaschine optimierte Arbeitspunkte fortlaufend
ermitteln und anfahren.

Es kann bei mobilen Arbeitsmaschinen darüber hinaus vorkommen, dass
sich die Strecke im Laufe des Betriebs mitunter stark verändert bzw. es aufgrund der Komplexität hin und wieder zu kleineren Teilausfällen kommt.

Das Steuerungssystem sollte die veränderte Strecke berücksichtigen, die erforderliche Strukturflexibilität besitzen und den Optimierungsprozess darauf einstellen können.

Letztendlich sollte das Steuerungssystem die Maschine als Ganzes mit all seinen internen und externen Wechselwirkungen, wie sie aus den Modellen in Kapitel 2 hervorgehen, betrachten und optimieren können. In diesem Sinne äußert sich Fuchs [30]: „Es reicht nicht mehr aus, nur ein Teilsystem zu optimieren, sondern alle beteiligten Systeme müssen aufeinander abgestimmt sein und über eine ausgeklügelte elektronische Steuerung miteinander komunizieren".

Aus dieser Motivation heraus muss ebenfalls das Gesamtsystem unter dem Einfluss eines zielsuchenden Steuerungssystems stehen und nicht nur, wie in Bild 2.6 gezeigt, die Leistungsflüsse innerhalb des Basissystems, wie sie derzeit durch die Betriebsstrategie bestimmt werden. Denn an dieser Stelle stehen bereits die Belastungszyklen fest. Ein ganzheitlicher Ansatz sollte daher ebenfalls auf die Belastungszyklen mittels Auswahl geeigneter Trajektorien zugreifen können. Mobile Arbeitsmaschinen sind, was die Kraftstoffeffizienz angeht, auf eine hohe Arbeitsauslastung hin ausgelegt, die richtige Wahl der Trajektorien kann dafür sorgen, dass diese Arbeitsbereiche angefahren werden. Diese Maßnahme sorgt für eine reduzierte Abhängigkeit der Arbeitspunkte von den Einstellungen des Bieners und entlastet ihn darüber hinaus. Dies setzt jedoch zwingend voraus, dass der Bediener, entweder aus rechtlichen Gründen oder aufgrund eines ganzheitlicheren Verständnisses für die augenblickliche Situation, die Möglichkeit der Kontrolle über die Trajektorien hat. Das ganzheitliche Steuerungssystem muss daher die Möglichkeit durch die Kontrolle des Bedieners zulassen. In diesem Sinne übernimmt das Steuerungssystem eine Art Fahrerassistenz-Funktion für die Betriebsparameter der Maschine.

Das Potenzial, welches in einer derartigen ganzheitlichen Betrachtung unter Beibehaltung des Basissystems steckt, wurde von Schreiber [87] simulativ anhand verschiedener Lastfälle eines Standardtraktors untersucht.

Dementsprechend konnte etwa ein Kraftstoffeinsparpotenzial von über 30 % bei der Feldarbeit ermittelt werden.

3.2 Optimale Mehrgrößenregelungen

„Im Allgemeinen ist es das Ziel jeder Regelung, dem zu beeinflussenden System, der Strecke, ein gewünschtes Verhalten aufzuprägen, und dieses gegen die Einwirkungen von Störungen abzusichern. An das Verhalten der Regelung werden dabei Anforderungen gestellt, die von der Aufgabenstellung abhängen. Grundforderungen, die auf jeden Fall erfüllt sein müssen, sind Stabilität und genügend stationäre Genauigkeit. Darüber hinaus wird man meist eine hinreichend gedämpfte, jedoch nicht zu langsame Reaktion der Regelung auf die real vorhandenen äußeren Einwirkungen verlangen. Diese qualitativen Bedingungen werden in der klassischen Regelungstechnik durch die quantifizierte Beschreibung der *Regelgüte*, welche einzelne Punkte des Einschwingverhaltens beurteilt, verschärft. Im Gegensatz hierzu spricht man von einer *Optimalregelung*, wenn ein *Gütemaß J* vorhanden ist, anhand dessen das gesamte Verhalten des Systems beurteilt werden kann. Das Gütemaß wird von außen vorgegeben und stammt aus den Anforderungen an das Systemverhalten." [26]

Bei mobilen Arbeitsmaschinen kommt es neben einer schnellen und stationär genauen Sollwertfolge beispielsweise ebenfalls auf den dafür benötigten Kraftstoffverbrauch an. Die Aufgabe der Optimierung besteht in diesem Fall darin, das Gütemaß durch geeignete Wahl der verfügbaren technischen Daten zum Minimum oder Maximum zu machen. Bei der Optimalregelung wird gewöhnlich das Vorzeichen des Gütemaßes so gewählt, dass ein Minimierungsproblem entsteht.

Bevor konkret auf ein mögliches Gütemaß bei mobilen Arbeitsmaschinen eingegangen wird, müssen einige Besonderheiten beim Aufbau eines optimalen Reglers für mobile Arbeitsmaschinen bedacht werden. Generell versucht man in der Regelungstechnik technische Systeme durch lineare

Funktionen zu beschreiben, um so deren Handhabung einfach zu gestalten. Bekannte Modellierungen mobiler Arbeitsmaschinen bspw. aus Bliesener und Kohmäscher [7, 56] verwenden jedoch nichtlineare Teilsysteme. Zwar können derartige Systeme generell um den Arbeitspunkt linearisiert werden, mobile Arbeitsmaschinen zeichnen sich hier allerdings dadurch aus, dass sie über einen großen Arbeitsbereich betrieben werden können. „Sollen Systembeschreibungen des tatsächlich nichtlinearen Systems für diesen Bereich gültig sein, können Approximationen höherer Ordnung verwendet werden, die dann normalerweise selbst nichtlineare Systembeschreibungen sind." [90] Aus Schwarz [90] ist weiter bekannt, dass es keine allgemeingültige Regelungstheorie der nichtlinearen Systeme, sondern lediglich Klassen gelöster und ungelöster Probleme, wobei allerdings die gelöste eine verschwindende Minderheit darstellt. Zur Wahrung der Gültigkeit des in diesem Kapitel beschriebenen Ansatzes wird davon ausgegangen, dass sich Systembeschreibungen für mobile Arbeitsmaschinen entweder durch stückweise Linearisierungen oder durch gelöste Probleme nichtlinearer Approximationen finden lassen.

Damit mobile Arbeitsmaschinen mitsamt ihren internen und externen Wechselwirkungen ganzheitlich betrachtet und optimiert werden können, muss anstelle der dezentralen einschleifigen Regelkreise ein zentraler *Mehrgrößenregler* mit mehreren Ein- und Ausgängen auf hierarchisch übergeordneter Ebene eingesetzt werden. Der Einsatz eines solchen Reglers ist nach Lunze [66] begründet, da

- die Regelstrecke Bedingungen an mehrere Regelgröße gleichzeitig stellt und dadurch einen koordinierten Eingriff an mehreren Stellgliedern erfordert.

- die Regelstrecke durch dynamisch stark verkoppelte Signale beschrieben wird, die an unterschiedlichen Stellen im System auftreten und durch eine gemeinsame Regelung beeinflusst werden müssen. In Kapitel 2.2 konnte die Verkopplung untereinander exemplarisch nachgewiesen werden.

- die mobile Arbeitsmaschine mit gemeinsamen Ressourcen arbeitet, sodass die Regelung auf vorhandene Ressourcenbeschränkung Rücksicht nehmen muss.

Die Strecke innerhalb des Mehrgrößenregelkreises lässt sich am einfachsten mit der *Zustandsraumdarstellung* [65] beschreiben:

$$\dot{\mathbf{x}}(t) = \mathbf{A}\mathbf{x}(t) + \mathbf{B}\mathbf{u}(t); \quad \mathbf{x}(0) = \mathbf{x}_0 \tag{3.1}$$

$$\mathbf{y}(t) = \mathbf{C}\mathbf{x}(t) + \mathbf{D}\mathbf{u}(t). \tag{3.2}$$

„Im Unterschied zur Strecke einschleifiger Regelkreise stellen die Eingangsgröße $\mathbf{u}(t)$ und Ausgangsgröße $\mathbf{y}(t)$ n- bzw. m-dimensionale Vektoren dar. Der Regelkreis wird dabei gewöhnlich über die Abbildung der Zustandsgröße $\mathbf{x}(t)$ auf die Reglermatrix $\mathbf{K}$, wie in Bild 3.2 gezeigt, auf den Eingang rückgeführt." [65]

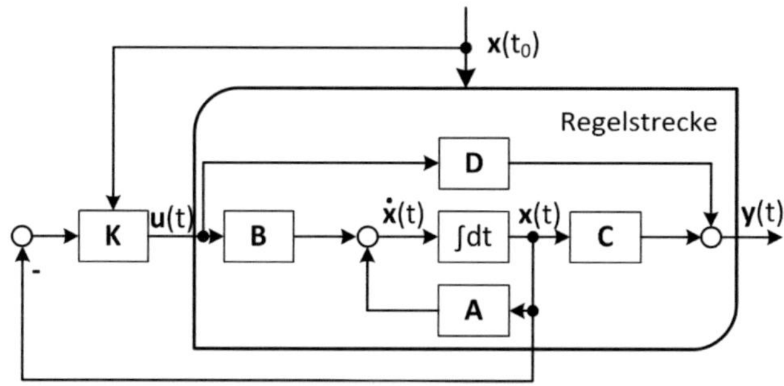

Bild 3.2: Systematischer Aufbau eines Mehrgrößenregelkreises (nach [26])

Die im Folgenden gewählte Beschreibung lehnt sich eng an die Ausführungen in Föllinger [26] an: die Bestimmung der Reglermatrix $\mathbf{K}$ erfolgt über die Minimierung des Gütemaßes J. Für mobile Arbeitsmaschinen ist ein sog. *verbrauchs- und verlaufsoptimales quadratisches Gütemaß mit freiem Endpunkt* [26] sinnvoll, in das die Erreichung des quasi-stationären Endpunkts, dessen Verlauf dorthin und die Erfüllung der Zielfunktion jeweils gewichtet eingehen:

$$J(\mathbf{x}(t_0), \mathbf{u}(t)) = \mathbf{x}^T(t_e)\mathbf{S}\mathbf{x}(t_e) + \int_{t_0}^{t_e} (\mathbf{x}^T(t)\mathbf{Q}\mathbf{x}(t) + \mathbf{u}^T(t)\mathbf{R}\mathbf{u}(t))dt. \quad (3.3)$$

Der Vorteil eines quadratischen Gütekriteriums ist, dass sich schwankende Vorzeichen nicht gegenseitig eliminieren und große Abweichungen überproportional „bestraft" werden. Der erste Summand beschreibt die Lage des Zustandsvektors zum betrachteten Endzeitpunkt t_e. Am naheliegendsten wäre es, $\mathbf{x}(t_e) = \mathbf{0}$ zu fordern[1], damit der Zustandspunkt des Systems zum Endzeitpunkt t_e den gewünschten Betriebszustand genau annimmt. In Anbetracht der vorhandenen Parameterschwankungen und der niemals vollständigen Kenntnisse des Systemverhaltens kann diese Forderung allerdings nicht erfüllt werden. Durch geeignete Wahl der Gewichtung $\mathbf{S}$ wird dafür Sorge getragen, dass der tatsächliche Endpunkt dem gewünschten ausreichend nahe kommt. Das bestimmte Integral bewertet im Gegensatz zum ersten Summanden den gesamten Verlauf der eingeschlossenen Summanden zwischen Betrachtungsbeginn t_0 und Betrachtungsende t_e. Der Sinn des ersten Summanden im Integral besteht darin, den Zustand $\mathbf{x}(t)$ des dynamischen Systems aus einem beliebigen Anfangspunkt $\mathbf{x}(t_0)$ in den gewünschten Endzustand $\mathbf{x}(t_e) = \mathbf{0}$ zu überführen, ohne dass allzu starke Pendelungen der Trajektorie auftreten. Dieser Summand versucht daher je nach Wahl der Gewichtung $\mathbf{Q}$ das Einschwingverhalten der Zustandstrajektorie zu optimieren. Die Berücksichtigung des Kraftstoffverbrauchs oder andere für mobile Arbeitsmaschinen relevante Größen erfolgt mittels zwei-

---

[1] Jeder beliebige gewünschte Endpunkt kann durch Koordinatentransformation dieser Forderung genügen.

tem Summanden im Integral. Bei der Optimierung etwa des Kraftstoffverbrauchs enthält der Eingang $\mathbf{u}(t)$ die der Strecke zugeführte Kraftstoffmenge.

Das Optimierungsproblem äußert sich somit in der Suche einer optimalen Vorgabe $\mathbf{u}^*(t)$ durch

$$\min_{\mathbf{u}(t)} J(\mathbf{x}(t_0), \mathbf{u}(t)) \tag{3.4}$$

Da der Regelkreis durch das Gesetz

$$\mathbf{u}^*(t) = -\mathbf{K}^* x(t) \tag{3.5}$$

geschlossen wird, ergibt sich der optimale Reglerparameter $\mathbf{K}^*$ durch

$$\min_{K} J(\mathbf{x}(t_0), \text{-}\mathbf{K}\mathbf{x}(t)). \tag{3.6}$$

In der Literatur lassen sich einige Lösungswege dieses Optimierungsproblems [66, 26] finden. Im Kontext mobiler Arbeitsmaschinen sind etwa das Maximumprinzip von PONTRJAGIN oder die dynamische Programmierung von BELLMAN vielversprechend. Die Lösung mittels *Riccati-Gleichung* erscheint bei mobilen Arbeitsmaschinen nicht sinnvoll, da hier die Lösung nur unter der Voraussetzung unbeschränkter Eingangsgrößen $\mathbf{u}(t)$ existiert.

3.3 Adaptiver Ansatz mittels Fuzzy-Expertensystemen

Ein Lösungsansatz, welcher der Forderung einer ganzheitlichen Betrachtung und Optimierung entspricht, lässt sich aus der Theorie der adaptiven Regelung [44] ableiten. Den Literaturverweis widergebend wird adaptive Regelung bezeichnet als die Kombination eines Parameterschätzers, der Streckenparameter online schätzt, mit einer Regelstrategie, um dadurch die Klasse von Strecken zu regeln, dessen Parameter gänzlich unbekannt und/oder dessen Parameter sich über die Zeit in eine unvorhersehbaren

Weise ändern. Die ursprüngliche Motivation zur aktiven Erforschung des Feldes der adaptiven Regelung stammt aus den Anforderungen der modernen Luftfahrt in den frühen 1950ern. Flugzeuge operieren innerhalb einer großen Bandbreite verschiedener Geschwindigkeiten und Flughöhen. Unter dem Gesichtspunkt variierender Randbedingungen sind deren Anforderungen ähnlich mobiler Arbeitsmaschinen.

Die eingesetzten Parameterschätzer charakterisieren die unterschiedlichen Arten der adaptiven Regelung. Bei den *Identifier*-basierten Lösungen werden die unbekannten Streckenparameter online geschätzt und dazu verwendet, den Regler zu parametrieren. Die *Nicht-Identifier*-basierten Lösungen verwenden anstelle des klassischen online-Parameterschätzers Suchalgorithmen zur Ermittlung der Reglerparameter im Suchraum möglicher Lösungen oder schalten zwischen verschiedenen bestehenden stationären Reglern, stets unter der Voraussetzung, dass mindestens einer davon stabilisierend ist.

Aus den Nicht-Identifier basierten adaptiven Reglern lässt sich ein Lösungsansatz für mobile Arbeitsmaschinen gemäß Bild 3.3 generieren. Es handelt sich bei der Abbildung der mobilen Arbeitsmaschine um eine komprimierte Darstellung von Bild 2.7. Im Unterschied zu den behandelten Problemfeldern der adaptiven Regelungen bezüglich Regelgüte des geschlossenen Regelkreises liegt die Herausforderung bei mobilen Arbeitsmaschinen im Finden der optimalen Führungsgrößen. Dementsprechend wirkt die Rückführung der adaptiven Strategie nicht wie im konventionellen Falle auf die Regler, sondern in Abhängigkeit der gemessenen Eingänge, Ausgänge und messbarer Störungen auf die dezentralen Kennfelder. Die Kennfelder müssen folglich durch einen Satz an Parametern beschreibbar sein, auf den die Strategie Zugriff haben muss.

Als Strategie bietet sich ein Expertsystem in Form einer *Fuzzy-Logik* [54] an (engl. fuzzy = unscharf). Bei der Fuzzy-Logik werden Eingangsgrößen über einen Zugehörigkeitswert zu unscharfen Eingangsmengen mit linguistischen Werten zugeordnet. Dies wird als *Fuzzifizierung* bezeich-

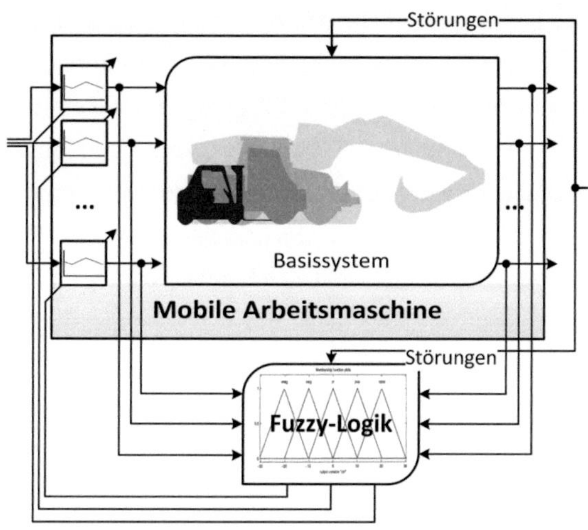

Bild 3.3: Aufbau eines Expertensystems mittels Fuzzy-Logik

net. Entsprechend des Grads der Zugehörigkeit zu einer unscharfen Eingangsmenge werden mittels „Wenn (Prämisse)..., dann (Konklusion)... "-Forderungen ein Zugehörigkeitsgrad zu einer unscharfen Ausgangsmenge ermittelt. Die Erfüllung der Prämisse führt in diesem Fall zu einer Aktivierung einer Regel. Nichtaktivierte Regeln liefern keinen Beitrag. Bei der *Defuzzifizierung* wird der Informationsgehalt der resultierenden Ausgangs-Fuzzy-Menge beispielsweise mittels Schwerpunktbildung auf einen konkreten Ausgangswert reduziert. Der Vorteil dieser Art von Expertensystem besteht darin, dass sie der menschlichen Denkweise nachempfunden, dadurch intuitiv programmierbar und für Experten verschiedener Fachrichtungen, etwa Entwickler und Bediener, gemeinsam zugänglich ist. Sie benötigt kein Modell der Strecke und enthält bei entsprechender Umsetzung keine Unstetigkeiten, die zu einem instabilen Gesamtsystemverhalten führen können.

Das so aufgebaute regelbasierte Expertensystem erhält einen adaptiven Charakter, wenn die Regeln als Folge von Veränderungen und vorherrschenden Unsicherheiten der Strecke oder einer Effizienzanalyse angepasst werden. In diesem Fall müssen lernfähige Algorithmen zur Auswertung und Anpassung der Regeln online, d. h. zur Laufzeit der Strecke, implementiert sein. Wang et. al. [104] gibt detaillierte Informationen zum Aufbau eines solchen adaptiven Expertensystems.

3.4 Modellbasierte prädiktive Regelungen

„Mit dem Begriff *Modellbasierte prädiktive Regelungen* (engl.: Model Predictive Control (MPC)) wird eine Klasse von Regelungsalgorithmen bezeichnet, die sich dadurch auszeichnet, dass ein Modell für das dynamische Verhalten des Prozesses nicht nur in der Entwurfphase, sondern explizit im laufenden Betrieb des Reglers benutzt wird." [22] Der mögliche Aufbau eines für mobile Arbeitsmaschinen angepassten Reglers ist in Bild 3.4 dargestellt. Die im Folgenden gewählte Beschreibung lehnt sich eng an die Ausführungen in Dittmar et. al. [22] an:

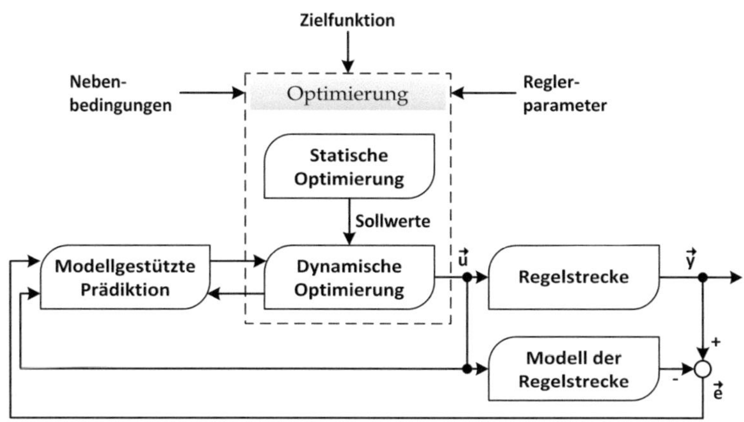

Bild 3.4: Wirkungsplan einer MPC-Regelung (nach [22])

- Modellgestützte Prädiktion
Es wird eine Vorhersage des zukünftigen Verlaufs der Regelgröße $\vec{y}$ und der Regeldifferenz $\vec{e}$ unter der Annahme durchgeführt, dass sich die Steuergröße $\vec{u}$ in der Zukunft nicht ändert. Diese Vorhersage wird auch als Vorhersage der „freien Bewegung" bezeichnet. Die Vorhersage ist eine Langzeitvorhersage. In ihrem Zentrum steht ein dynamisches Prozessmodell, das im Prinzip jede beliebige Form annehmen kann.

- Dynamische Optimierung
Durch die Lösung eines Optimierungsproblems wird eine Folge zukünftiger Steuergrößenänderungen über einen vorgegebenen Steuerhorizont bestimmt. Ziel ist es dabei, die über den Prädiktionshorizont vorhergesagten Regeldifferenzen zu minimieren und gleichzeitig mit möglichst geringen Steuergrößenänderungen auszukommen. Die Vorgehensweise kann hier analog zu Kapitel 3.2 erfolgen.

- Statische Arbeitspunktoptimierung
Die Berechnung der optimalen Steuergrößenfolge sichert noch nicht, dass die MPC im stationären Zustand eine Zielfunktion umsetzt. Daher wird parallel mit der Lösung der dynamischen Optimierungsaufgabe ein funktional übergeordnetes, aber programmtechnisch integriertes statisches Optimierungsproblem gelöst, wenn dafür, wie bei mobilen Arbeitsmaschinen in der Regel der Fall, genügend Freiheitsgrade bestehen. Das Ziel besteht darin, die für den stationären Zustand der Maschine optimalen Werte der Steuer- und Regelgrößen durch Minimierung oder Maximierung einer ökonomischen oder daraus abgeleiteten technischen Zielfunktion zu ermitteln.

- Regelstrecke
Die Ausgangsgrößen einer für mobile Arbeitsmaschinen konzipierten MPC wirken nicht direkt auf physikalische Stelleinrichtungen

(Aktoren), sondern auf Sollwerte unterlagerter Basisregelkreise (Kaskadenstruktur).

- Modell der Regelstrecke
  Der Ausgang der dynamischen Optimierung wirkt ebenfalls auf ein Modell der Regelstrecke, mit dessen Hilfe die aktuellen Werte der Regelgrößen vorhergesagt werden. Diese Vorhersagewerte werden mit den aktuell am Prozess gemessenen Werten der Regelgrößen verglichen, die Differenz bildet eine Schätzung für die Wirkung aller nicht messbaren Störungen und Modellfehler, die ebenfalls zu einer Anpassung des Modells beitragen können.

Obwohl die Optimierung im aktuellen Schritt eine ganze Folge zukünftiger Steuergrößenänderungen berechnet, wird nur das erste Element dieser Folge an die Regelstrecke ausgegeben. Nach Verschiebung des betrachteten Zeithorizonts erfolgt im nächsten Abtastintervall eine Wiederholung der gesamten Prozedur mit Prädiktion und Optimierung. Dies wird Prinzip des gleitenden Horizonts genannt. Mit Hilfe des im aktuellen Abtastintervall jeweils neu eintreffenden Messwerts für die Regelgröße wird die modellgestützte Vorhersage der Regelgröße fortlaufend korrigiert und auf diese Weise der Regelkreis geschlossen. So können nicht gemessene Störgrößen und die immer vorhandene Nichtübereinstimmung von Prozessmodell und realem Prozessverhalten im Regelalgorithmus berücksichtigt werden.

Über diesen Aufbau hinaus besitzt die MPC die Möglichkeit zur Bestimmung der aktuellen Struktur des Systems mobile Arbeitsmaschine. Dabei wird selbständig die verfügbare Teilmenge aus der Gesamtmenge der beim Regelungsentwurf zunächst konzipierten Steuer-, Regel- und messbaren Störgrößen ermittelt. Dieser Schritt trägt dem Umstand Rechnung, dass sich in Folge verschiedener Ursachen die Zahl der verfügbaren Steuergrößen und die Zahl der zu berücksichtigenden Regelgrößen im Laufe der Zeit ändern können. Typische Beispiele hierfür sind bei mobilen Arbeitsmaschinen vorübergehende Ausfälle von Sensoren, oder ein arbeitsergebnisabhängiges Sperren einzelner Freiheitsgrade.

3.5 Ansatz aus der Finanzmathematik

Bliesener [7] leitet auf Basis der aus der Finanzmathematik bekannten Optimierungsverfahren *Amortisationsdauer* und *Kapitalwertkriterium* eine optimale Steuerstrategie für mobile Arbeitsmaschinen ab. Der Regelkreis wird bei diesem Ansatz über die Ermittlung statistischer Häufigkeitsverteilungen der zukünftigen Anforderungsprofile an die Maschine geschlossen, wie im Folgenden näher beschrieben.

Die Grundidee der Anwendung des Amortisationsdauerverfahrens im Kontext der Steuerung mobiler Arbeitsmaschinen besteht darin, anhand der Amortisationsdauer zu entscheiden, ob es wirtschaftlich ist, eine im Zustand s_1 befindliche Maschine in den quasi-stationär ermittelten optimalen Folgezustand s_2^* zu überführen oder im Ursprungszustand zu belassen, da die Verstellenergien (Verluste) zu hoch sind. Das inflationäre Rückflussverhalten der durch die Verstellung eingesparten Energiemenge wird als Möglichkeit zur Integration der wahrscheinlichkeitsgewichteten zukünftigen Anforderungsprofile an die Maschine in die Optimierung genutzt. Der über die zurückliegenden Lastzyklen prognostizierte Belastungszustand mit der höchsten Wahrscheinlichkeit wird als Folgezustand angenommen. Für weiter in der Zukunft liegende Prognosen ergibt sich die Wahrscheinlichkeit multiplikativ aus den prognostizierten Einzelwahrscheinlichkeiten der vorangegangenen Zeitperioden.

Zur Bestimmung der quasi-stationär betrachteten optimalen Maschinenzustände verwendet Bliesener [7] eine besondere Variante der Funktionalgleichungsmethode aus Neumann et. al. [75], welche auf dem Optimalitätsprinzip nach BELLMAN beruht. Die Berechnung erfolgt in zwei Schritten, einer Rückwärts- und einer darauf aufbauenden Vorwärtsberechnung. Im Rückwärtsschritt werden für alle Zeitperioden von n bis 1 gemäß der darin erreichbaren möglichen Systemzustände $\bar{s}_j$ die Optimalwerte $v_j^*(\bar{s}_j)$ der Wertefunktion berechnet. Im Vorwärtsschritt werden dann für die Stufen 1 bis n des im optimalen Zustand $\bar{s}_j^*$ befindlichen Systems die optimalen Steuervektoren $\bar{c}_j^*$ bestimmt. Daraus ergibt sich der im darauffolgenden Zeitschritt neue optimierte Systemzustand zu $\bar{s}_{j+1}^* = f_j(\bar{s}_j^*, \bar{c}_j^*)$.

Die Kapitalwertmethode stellt eine Generalisierung der Amortisationsdauerberechnung dar. Das Verfahren ermöglicht es, ebenfalls die Energiehaushalte der Komponenten zu berücksichtigen. Damit ist die Einbeziehung hybridisierter mobiler Arbeitsmaschinen möglich.

Die mittels Amortisationsdauerverfahren unter vollständiger Information zum Lastzyklus ermittelte Steuerstrategie wurde von Bliesener [7] für den Ladezyklus eines Radladers errechnet und in der Simulation angewandt. Stellgrößen sind der Pumpenschwenkwinkel des Fahrantriebs und die Drehzahl-Drehmoment Kombination der leistungsgeregelten Verbrennungskraftmaschine. Ergebnis hieraus ist ein Verbrauchsvorteil von etwa 20 % gegenüber einer Referenzmaschine.

3.6 Kontrollierte Selbstorganisation

Der Begriff *Selbstorganisation* ist in vielen technischen und nicht-technischen Fachgebieten zu finden. Aufgrund deren Vielfältigkeit existiert hier keine allgemein anerkannte Definition. Einen Überblick über eine ausgewählte Menge verschiedener Definitionen gibt Richter [83], im Kontext technischer Systeme listet Cakar et. al. [17] insbesondere Arbeiten zur Quantifizierung von Selbstorganisation auf.

Für diese Arbeit wird die Definition aus Mühl et. al. [72] verwendet. Anhand dieser Definition kann begründet werden, dass mobile Arbeitsmaschinen selbstorganisierte Systeme sind. Dementsprechend ist ein System selbstorganisiert, wenn es selbstregulierend (das System passt sich seiner Umgebung ohne Kontrolle von außen an), strukturadaptiv (das System entwickelt und erhält eine übergeordnete Funktionalität) und dezentral gesteuert ist. Die Punkte Eins und Zwei gelten mit Verweis auf den Vergleich einer mobilen Arbeitsmaschine mit einem komplexen System aus Kapitel 2.5 als erfüllt. Hier wurde gezeigt, dass mobile Arbeitsmaschinen sich zu einem gewissen Maß ohne die Kontrolle von außen an die Umgebung anpassen können, und dass mobile Arbeitsmaschinen eine übergeordnete Funktionalität besitzen. Aus Kapitel 2.3.2 ist zudem bekannt, dass mobile Arbeitsmaschinen dezentral gesteuert sind.

Die Beherrschung solcher selbstorganisierter Systeme ist ein wesentliches Ziel des *Organic Computing*. Organic Computing verwendet dabei den Begriff *Kontrollierte Selbstorganisation*, worauf im Folgenden näher eingegangen wird.

3.6.1 Organic Computing

Das hier verwendete Verständnis des Begriffs *kontrollierte Selbstorganisation* stammt im Wesentlichen aus der Disziplin *Organic Computing*, einem Bereich der Informatik. Hier geht man davon aus, dass in komplexen technischen Systemen Auswirkungen auf makroskopischer Ebene aufgrund der verteilten Ursache und fehlender beschreibender Modelle nicht mehr genau den Komponenten zugewiesen werden können. Kontrolliert selbstorganisierte Systeme versuchen daher nicht, die Ursache zu finden, sondern mittels lernfähiger Eigenschaften mögliche Stimuli zu erzeugen, um positives makroskopisches Verhalten zu fördern und negatives zu vermeiden. Um kontrollierte Selbstorganisation zu realisieren, ist eine Art Regelkreis notwendig, die in Organic Computing entwickelt wurde und als *Observer/Controller(O/C)-Architektur* bezeichnet wird.

Die wesentlichen Eigenschaften kontrolliert selbstorganisierter Systeme sind im Sinne des Organic Computing ein kontrolliertes Gesamtsystemverhalten und die Kontrollierbarkeit durch einen menschlichen Bediener und Entwickler. Im Zusammenhang mit der erstgenannten Eigenschaft findet man in der Terminologie des Organic Computing die Bezeichnung *Selbst-*

x-Eigenschaften [12]. Wichtige Selbst-x-Eigenschaften sind etwa selbstoptimierend, selbstkonfigurierend, selbstheilend und selbstschützend. Kontrolliert selbstorganisierte Systeme besitzen eine gewisse Teilmenge dieser Eigenschaften. Darüber hinaus sollten sich technische Systeme im Sinne der Kontrollierbarkeit an den Bedürfnissen des menschlichen Bedieners ausrichten und sich im Allgemeinen nicht unkontrolliert selbst entwickeln. „Auf diese Art und Weise soll eine Balance zwischen menschlicher Kontrolle und der Autonomie des sich selbstorganisierten Systems entstehen". [6]

Ein Grundgedanke im Organic Computing beruht auf der Beobachtung, dass Systeme mit solchen Eigenschaften bereits heute existieren. Lebende Organismen zeigen kontrolliert selbstorganisiertes Verhalten, sind trotz ihrer Komplexität äußerst robust und besitzen die Fähigkeit zu lernen, um sich an dynamisch veränderliche Umweltbedingungen anzupassen. Im Organic Computing geht man daher schlussfolgernd davon aus, dass es beim Aufbau zukünftiger technischer Systeme lohnenswert ist, sich von lebenden Organismen inspirieren zu lassen. Detaillierte Informationen zu Organic Computing können beispielsweise in Müller-Schloer et. al. [74] nachgelesen werden.

Erstmals wurde die Idee des Forschungsfeldes *Organic Computing* im Jahre 2001 geäußert. In den Jahren 2005 bis 2011 förderte die Deutsche Forschungsgemeinschaft (DFG) ein Schwerpunktprogramm (1183) für Organic Computing. Im Rahmen des Schwerpunktprogramms ist die O/C-Architektur entstanden.

3.6.2 Observer/Controller-Architektur

Bild 3.5 zeigt die generische O/C-Architektur nach Müller-Schloer [73], die als übergeordnetes Überwachungs- und Kontrollorgan einem komplexen technischen System (SuOC = engl.: *System under Observation and Control*) aufgeprägt wird, um somit das gewünschte Verhalten zu erzeugen. Das

SuOC ist für sich gesehen voll funktionsfähig und steht mit seiner Umgebung über gewisse Inputs und Outputs in Wechselbeziehung, ohne eben das gewünschte kontrolliert selbstorganisierte Verhalten zu zeigen. „Der Observer beobachtet alle wesentlichen Komponenten und Einheiten und leitet daraus Informationen zu einer das System auf verschiedenen Ebenen charakterisierenden Beschreibung ab. Diese Beschreibung wird durch einen Satz sog. *Situationsparameter* an den Controller übermittelt. Die Aufgabe des Controllers ist das kontinuierliche Finden einer gegenüber einer durch den Entwickler oder Bediener vorgegebenen Zielfunktion optimierten Aktion in Abhängigkeit der ermittelten Situationsparameter. Die optimierte Aktion beeinflusst das SuOC, sodass das gewünschte kontrolliert selbstorganisierte Verhalten auftritt. Im Observer und Controller können online- und offline-Lernalgorithmen zum Auffinden der optimierten Aktion in größtenteils unbekannten Situationen eingesetzt werden. Über eine Schnittstelle zum menschlichen Bediener kann der Controller überwacht und alternative Zielfunktionen vorgegeben werden." [83]

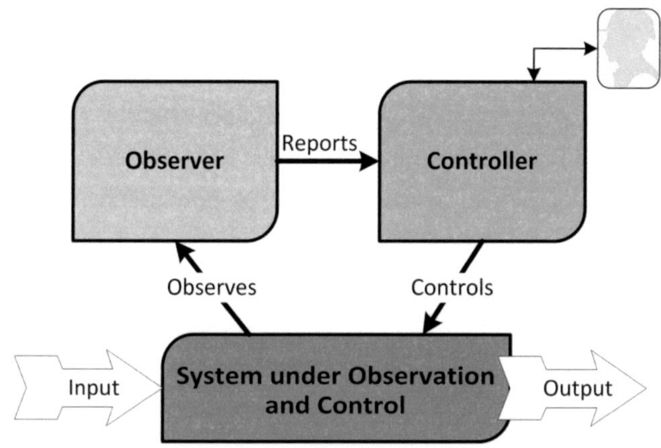

Bild 3.5: Die generische Observer/Controller-Architektur (nach [73])

Es existieren eine Reihe von technischen Anwendungen, in denen die O/C-

Architektur bereits erfolgreich eingesetzt worden ist. Eine Auswahl sowie die entsprechenden Literaturverweise sind im Folgenden aufgelistet:

- Verkehrsregelung [79]

- Putzroboter [76, 29]

- Fahrstuhlregelung [81, 82]

- Steuerung eines sechsbeinigen Roboters [67]

Die Besonderheit bei mobilen Arbeitsmaschinen im Gegensatz zu bereits umgesetzten Anwendungen ist die stärkere Kopplung durch mechanische, hydraulische und elektrische Verknüpfungen ihrer Teilsysteme.

3.6.3 Verwandte Architekturen

Die aus dem Organic Computing stammende O/C-Architektur unterstützt nicht als einzige die Ausprägung der Eigenschaften eines kontrolliert selbstorganisierten Gesamtsystemverhaltens. Artverwandte Architekturen sind beispielsweise:

- *MAPE* (Monitor, Analyse, Plan, Execute) [53]

- *Operator/Controller Modul* [42]

- *SPA* (Sense, Plan, Act) [14]

- *Component Control, Change Management, Goal Management* [58]

Im Vergleich zu diesen Architekturen bietet die O/C-Architektur im Hinblick auf die in Kapitel 3.1 gestellten Anforderungen an das Steuerungssystem die Vorteile, dass insbesondere lernfähige Eigenschaften und die Kontrolle durch einen menschlichen Bediener im Vordergrund stehen. Im

Allgemeinen reagieren Systeme, die im Sinne des Organic Computing aufgebaut sind, sensibel in neuen Situationen, für die sie nicht explizit ausgelegt wurden, welches im Falle der unbekannten Randbedingunen bei mobilen Arbeitsmaschinen eine wichtige Eigenschaft ist.

3.7 Auswahl und Übertragbarkeit

Zurückliegend wurden neue Lösungsansätze vorgestellt, die Alternativen zum rein dezentralen, kennfeldbasierten Steuerungssystem mobiler Arbeitsmaschinen darstellen. Für deren Eignung müssen diese allerdings einige spezifische Anforderungen erfüllen, die in Kapitel 3.1 aufgestellt wurden. Für die Beschreibung allgemeiner mobiler Arbeitsmaschinen werden die Modelle aus Kapitel 2 herangezogen. Ein im Folgenden aufgeführter kritischer Vergleich der Anforderungen allgemeiner mobiler Arbeitsmaschinen mit den spezifischen Eigenschaften der Lösungsansätze zeigt, dass die O/C-Architektur allen Anforderungen gerecht werden kann.

Im Kontext allgemeiner mobiler Arbeitsmaschinen erscheint der aus Kapitel 3.2 bekannte optimale Mehrgrößenregler problematisch, da die Strecke als funktionsspezifizierendes Zustandsraummodell vorliegen muss. Auf die Schwierigkeiten der Bestimmung eines über den gesamten Arbeitsbereich gültigen Modells ist bereits eingegangen worden. Das Modell hat in diesem Fall direkten Einfluss auf die Festlegung des Optimums einer gegebenen Zielfunktion, die arbeitspunktspezifische Genauigkeit des Modells hat dementsprechend ebenfalls Einfluss auf die Güte der Optimierung. Ein Annähern des so errechneten Optimums an das tatsächliche Optimum, welches etwa durch gemessene Größen abgeschätzt werden kann, ist aufgrund der fehlenden Lernfähigkeit des Ansatzes nicht möglich.

Letztenendes muss der Einsatz der optimalen Mehrgrößenregelung im Steuerungssystem der mobilen Arbeitsmaschine differenziert von Anwendung zu Anwendung bewertet werden. Der Einsatz erscheint für diejenige Klasse mobiler Arbeitsmaschinen sinnvoll, die weniger komplexe äußere und innere Zusammenhänge aufweisen und deren Betriebsbereiche stark eingegrenzt sind, sodass ein algebraisch darstellbares einfaches Modell, etwa mittels linearen, gewöhnlichen Differenzialgleichungen, aufstellbar ist.

Gegenüber der optimalen Mehrgrößenregelung bietet der adaptive Ansatz mittels Fuzzy-Expertensystem aus Kapitel 3.3 den Vorteil, dass kein funktionsspezifizierendes Modell der komplexen Regelstrecke aufgebaut werden muss. Die Anpassungsfähigkeit durch lernfähige Algorithmen ist in mobilen Arbeitsmaschinen ebenfalls ein signifikanter Vorteil. So können etwa aufgrund der komplexen Wechselwirkungen entstehende kleinere unberücksichtigte Effekte des Gesamtsystems oder kleinere Abweichungen von den bei der Erstellung des Expertensystems zugrunde liegenden Randbedingungen berücksichtigt werden. Treten hiervon allerdings größere Abweichungen auf, so ist die online-Lernfähigkeit alleine nicht in der Lage, sich auf diese neuen Situationen anzupassen, da entweder keine neuen Lösungen oder lediglich Lösungen in unmittelbarer Nähe zum alten Optimum gefunden werden. Ein Testen neuer Lösungen direkt anhand der realen mobilen Arbeitsmaschine kann darüber hinaus zu einer Verschlechterung des Maschinenverhaltens bis hin zu einem Systemausfall führen. Darüber hinaus ist aufgrund der expliziten Formulierung unter vielfältigen variierenden Randbedingungen und einer Vielzahl an Freiheitsgraden eine enorme Wissensbasis erforderlich, die baureihenspezifisch zur Designphase formuliert werden muss.

Der Einsatz eines solchen Reglers erscheint allerdings sinnvoll für mobile Arbeitsmaschinen, die unter klar abgrenzbaren äußeren Einflüssen betrieben werden und deren Anzahl an Systemfreiheitsgraden klein ist.

Der in Kapitel 3.4 genannte Ansatz einer MPC bietet für mobile Arbeitsmaschinen den Vorteil einer modellgestützten Optimierung zur Generierung neuer Sollwertvorgaben für zur Designphase unbekannte oder unvorhergesehene Randbedingungen.

MPC werden heute erfolgreich in der Prozess- und Verfahrenstechnik eingesetzt. Hier sind Strecke und Randbedingungen oftmals hinreichend bekannt. Im Falle mobiler Arbeitsmaschinen, bei denen eine Vielzahl von unterschiedlichen Störungen auftreten, kann es mit großem Aufwand verbunden sein, Modelle der Regelstrecke aufzubauen, welche wie in Kapitel 3.4 beschrieben, eine aussagefähige Schätzung zu deren Wirkung abgeben können. Werden dabei zu viele Vereinfachungen getroffen, kann als Konsequenz eine reduzierte Regelgüte und eine erhebliche Diskrepanz zwischen errechneten und tatsächlichen Arbeitspunktoptimum abgeleitet werden. Weiterer wesentlicher Unterschied zwischen verfahrenstechnischen Anlagen und mobilen Arbeitsmaschinen liegt in der Dynamik der Zustandsänderungen, auf die die MPC passend reagieren muss. Ändern sich Zustände im erstgenannten Fall eher über einen längeren Zeitraum, können sich in mobilen Arbeitsmaschinen Zustände im Sekundenbereich ändern. Dem gegenüber stehen meist, abhängig vom verwendeten Modell und der Zahl der zu bestimmenden Steuergrößen, aufwändige Berechnungsschritte.

Die Eigenschaften des aus der Finanzmathematik abgeleiteten Ansatzes in Kapitel 3.5 sind bezüglich der aufgestellten Modelle einer mobilen Arbeitsmaschine in dieser Arbeit kritisch zu betrachten. Bliesener [7] geht bei der Ermittlung des Potenzials von einer vollkommenen Kenntnis zukünftiger Situationen aus. Vor dem Hintergrund der von Zyklus zu Zyklus mitunter stark schwankenden Randbedingungen muss eine differenzierte Betrachtung gemacht werden. Die Problematik beruht dabei insbesondere auf der Tatsache, dass die Rückführung des gemessenen Zustandes in diesem Fall lediglich die stochastische Verteilung zukünftiger Zustände beeinflusst, weshalb die Rückführung sehr träge auf sich verändernde äußere Einflüsse reagiert. Anders ausgedrückt haben derartige Störungen eine geringe Sensibilität auf die Beeinflussung der a priori errechneten Steuervektoren.

Unter der Voraussetzung derzeit installierter Rechenleistung in mobilen Arbeitsmaschinen und der mangelnden Vernetzung vorhandener Informationen zum vorliegenden Arbeitsprozess ist dieser Optimierungsansatz wegen der Rekursion voraussichtlich nicht echtzeitfähig. Besondere Betonung liegt bei dieser Aussage auf dem Stand der Technik. Es ist wie bereits erwähnt davon auszugehen, dass vorhandene Rechner leistungsfähiger werden, und dass mobile Arbeitsmaschinen untereinander zukünftig besser vernetzt werden. Ein mögliches Szenario ist, dass die Maschine bereits vor Beginn der ausführenden Arbeit derart genaue Informationen darüber vorliegen hat, dass sie sich a priori darauf einstellen kann.

Die O/C-Architektur aus Kapitel 3.6 kombiniert eine adaptive und kontinuierliche Anpassung an die aktuellen Situation im online-Lernmodul und eine langfristige Strategieplanung im offline-Lernmodul. Die Kombination hat den Vorteil, dass sich eine Wissensbasis über den Betrieb der Maschine im offline-Lernmodul aufbauen kann, daher nicht zur Designphase explizit vorliegen muss. Die online-Lernstrategie kann die so gefundenen Lösungen mit realen Messungen abgleichen und anpassen. Trotz der dadurch erreichbaren sukzessiven situationsabhängigen Optimierung einer gegebenen Zielfunktionen sind Systeme, die mit der O/C-Architektur ausgerüstet sind ebenfalls äußerst robust: "Organic Computing fordert effiziente adaptive Systeme, bei denen Flexibilität nicht gegen Stabilität und Robustheit getauscht wird" [43]. Vielmehr erreichen solche Systeme eine hohe Robustheit durch naturinspirierte Zuverlässigkeit und Flexibilität: „Biologische Systeme sind bemerkenswert tolerant gegenüber Fehlern in einzelnen Komponenten" [39]. Im Gegensatz zu anderen genannten Ansätzen ist das generische Rahmenwerk der O/C-Architektur darüber hinaus derart strukturiert, dass die Umsetzung der einzelnen Funktionen gewisse Design-Freiheiten zulässt. Auf diese Weise lassen sich Funktionen etwa in Abhängigkeit der vorhandenen Rechenleistung generieren.

Bemerkenswert ist die hervorragende Übereinstimmung der Eigenschaften von Systemen mit aufgeprägter O/C-Architektur und den gestellten Anforderungen für das Steuerungssystem mobiler Arbeitsmaschinen. Dies liegt insbesondere daran, dass die heute auftretenden Probleme der Informatik, aus deren Motivation heraus sich die Initiative Organic Computing gegründet hat, bei mobilen Arbeitsmaschinen ähnlich zutreffend sind:

> „Organic Computing stellt ein Szenario auf, indem Computersysteme der Zukunft flexibler, adaptiver, autonomer und mit stärkerem Bezug zum Benutzer sind. Kurz gesagt, derartige Systeme sind selbstorganisierend und besitzen die Fähigkeit, sich dynamisch ändernden Umweltbedingungen anzupassen. So können beispielsweise kleine Fehler selbst repariert werden, das System kann sich an eine Vielzahl von Umgebungsbedingungen und Benutzer selbstadaptieren.“ [11]

Generell ist die Übertragung der entwickelten Methoden sinnvoll, wenn die traditionellen Entwicklungsprozesse aufgrund der Vielzahl an unterschiedlichen inneren und äußeren Wechselwirkungen an ihre Grenzen stoßen:

> „Eine zentrale, übergeordnete Verhaltensaufprägung ist sinnvoll, wenn man genau weiß, in welcher Umgebung mit welchen externen Einflüssen das System eingesetzt wird“. [69].

Die Übertragung auf moderne mobile Arbeitsmaschinen ist dementsprechend ein konsequenter Schritt: keine andere Maschine steht so sehr unter dem Einfluss vielfältiger externer Einflüsse und zu erledigender Aufgaben.

Zusammenfassend entsteht mit der Übertragung der O/C-Architektur eine kontrolliert selbstorganisierte mobile Arbeitsmaschine. Dies bedeutet zum einen, dass der Mensch jederzeit die Kontrolle über die Entwicklung der mobilen Arbeitsmaschine hat und zum anderen, dass die mobile Arbeitsmaschine auf makroskopischer Ebene negative unbeabsichtigte Effekte unterdrückt und positive unterstützt. Derartige Effekte werden wie bereits erwähnt *Emergenzen* genannt. Für mobile Arbeitsmaschinen wird der Begriff dahingehend interpretiert, dass es sich um zur Designphase unbedachte Auswirkungen durch Interaktion lokal operierender und verteilter Einheiten auf die Gesamtmaschine, etwa aufgrund von Abweichungen der zur Designphase verwendeten Randbedingungen, handelt. Relevante Effekte für mobile Arbeitsmaschinen auf makroskopischer Ebene sind etwa der Verlauf von Wirkungsgrad, Kraftstoffverbrauch oder Flächenleistung.

4 Übertragung auf einen Demonstrator

In diesem Kapitel wird zunächst die Fragestellung erörtert, wie sich die generische O/C-Architektur sinnvoll auf mobile Arbeitsmaschinen übertragen lässt und welche Möglichkeiten sich dadurch für mobile Arbeitsmaschinen ergeben. Zur Beantwortung wird aus der Menge aller mobilen Arbeitsmaschinen eine repräsentative ausgewählt. Im Anschluss wird der Aufbau der angepassten O/C-Architektur präsentiert.

4.1 Formulierung des ganzheitlichen Optimierungsproblems

Durch die Übertragung der O/C-Architektur soll die mobile Arbeitsmaschine kontrolliert selbstorganisiertes Verhalten zeigen, wie es im zurückliegenden Kapitel beschrieben wurde. Für mobile Arbeitsmaschine bedeutet dies insbesondere eine ganzheitliche Betrachung und Optimierung bezüglich einer vom Bediener vorgegebenen Zielfunktion. Die Erörterung dieser Aussage in Bezug auf die Formulierung des Optimierungsproblems wird in diesem Kapitel behandelt. Inhaltlich baut dieses Kapitel auf die Ausführungen aus Kautzmann et. al. [52] auf.

Nach Föllinger [26] lässt sich ein Optimierungsproblem allgemein wie folgt ausdrücken:

1. Bestimmung derjenigen Eingänge $\vec{u}(t)$ und Zustände $\vec{x}(t)$,

2. welche die Strecke $\dot{\vec{x}} = f(\vec{u}, \vec{x}, t)$ und

3. die Randbedingungen $\vec{x}(t_0) = \vec{x}_0$, $\vec{x}(t_e) = \vec{x}_e$ erfüllen, sodass

4. ein Gütemaße (Zielfunktion) $\mathbf{J}(\vec{u}(t), \vec{x}(t))$ minimiert wird.

Föllinger [26] geht bei der Formulierung und der Lösung des Optimierungsproblems davon aus, dass ein (beliebig komplexes) Zustandsraummodell vorhanden ist. Diese Annahme eines zumindest stückweise gültigen beliebig komplexen Zustandsraummodells ist zwar ebenfalls für mobile Arbeitsmaschinen denkbar, ist aber aufgrund des alternativen Vorgehens bei der Lösung durch die O/C-Architektur nicht zwingend erforderlich. Im Folgenden wird daher lediglich die Annahme getroffen, dass sich ein deterministisches Modell der Strecke aufstellen lässt. Eine solche Annahme ist uneingeschränkt gültig für alle technischen Systeme, welche mittels klassischer Physik beschreibbar sind.

Da ein deterministisches Modell vorliegt, lässt sich ein Eingangsvektor $\vec{u}(t)$ bestimmen, welcher die Zustände bei bekannten Randbedingungen innerhalb des Systems eindeutig bestimmt und dadurch eindeutig die Zielfunktion J festlegt. Würde dieses Modell als Zustandsraummodell vorliegen, so wäre diese Aussage als $\vec{x}(t) = f(\vec{u}(t), \vec{x}_0)$ zu interpretieren.

Die Randbedingungen nach Punkt Drei aus der Formulierung des Optimierungsproblems beschreiben für mobile Arbeitsmaschinen den Anfangs- und Endzustand des auszuführenden Arbeitsprozesses. Die Zielfunktion in Punkt Vier wird im Fall der Optimierung mittels O/C-Architektur vom Bediener vorgegeben.

Es stellt sich im Folgenden die Frage, welche Einträge der Eingang $\vec{u}(t)$ unter der Annahmne eines vorliegenden deterministischen Modells besitzt. Aus Bild 2.2 sind die Schnittstellen der mobilen Arbeitsmaschinen mit dem Bediener, der Arbeitsbelastung und dem Fahrwerk-Bodenkontakt bekannt. Als Eingänge sind darin die Bedienervorgaben gekennzeichnet. Unter Wechselwirkung des Systems mobile Arbeitsmaschine mit der Arbeitsbelastung und dem Fahrwerk-Bodenkontakt entstehen somit die Leistungsflüsse über die Systemgrenzen. Um den gerichteten Systemansatz eines Ursache-Wirkung-Zusammenhangs zu erfüllen, muss eine Beschreibung des Verhaltens des Arbeitsprozesses und des Fahrwerk-Bodenkontakts aufgestellt werden, die unabhängig von den Bedienervorgaben ist. Im Folgenden werden die Vorgaben des Bedieners als Aktion $\vec{u}_A(t)$ und die unabhängige Beschreibung des Verhaltens von Arbeitsprozess und Fahrwerk-Bodenkontakt als Situation $\vec{u}_S(t)$ bezeichnet. Die Einträge in $\vec{u}_A(t)$ entsprechen somit den Freiheitsgraden des Systems bezüglich auszuführendem Arbeitsprozess[1]. In der Beschreibung von $\vec{u}_S(t)$ sind alle unbeeinflussbaren Größen zusammengefasst, die wiederum Einfluss auf die Zielfunktion haben. $\vec{u}_S(t)$ ist ein zeitvarianter Parametersatz, der in Kombination mit dem Argument $\vec{u}_A(t)$ die Leistungsflüsse der Schnittstelle zum Arbeitsprozess und Fahrwerk-Bodenkontakt festlegt.

Somit ergibt sich der gesuchte Eingang als

$$\vec{u}(t) = \begin{pmatrix} \vec{u}_A(t) \\ \vec{u}_S(t) \end{pmatrix}. \tag{4.1}$$

Ziel der Optimierung ist die Bestimmung desjenigen Eingangs $\vec{u}^*(t)$, welcher die Zielfunktion J minimiert. Da innerhalb $\vec{u}(t)$ nur auf $\vec{u}_A(t)$ Einfluss genommen werden kann, lässt sich das Optimierungsproblem formal wie folgt darstellen:

$$\min_{\vec{u}_A(t)} \mathbf{J}((\vec{u}_A(t), \vec{u}_S(t)), \vec{x}(t)) \tag{4.2}$$

mit

$$\vec{u}_A(t) \in \mathbb{R}^a \tag{4.3}$$

$$\vec{u}_S(t) \in \mathbb{R}^s \tag{4.4}$$

$$\mathbf{J} \in \mathbb{R} \tag{4.5}$$

$$\vec{u}_A(t) \cdot \vec{u}_S(t) = 0 \tag{4.6}$$

Die Optimierung bildet $\mathbb{R}^{a+s} \to \mathbb{R}$ ab.

---

[1]Neben der Sollwertvorgaben können ebenfalls frei wählbare Parameter oder die Struktur der Strecke in $\vec{u}_A(t)$ eingehen. Diese werden hier allerdings als fix betrachtet.

Die Struktur der O/C-Architektur stellt sich auf oberster Betrachtungsebene für mobile Arbeitsmaschinen nach Bild 4.1 dar. Der Observer nimmt
diejenigen messbaren Informationen $\vec{u}'_S(t)$ auf, die eindeutig auf die Situation $\vec{u}_S(t)$ schließen lassen. Auf Basis dieser Situation findet die O/C-
Architektur eine hierzu optimierte Aktion $\vec{u}^*_A(t)$, die eine vom Bediener vorgegebene Zielfunktion J optimiert. Darüber hinaus gibt der Bediener ebenfalls notwendige Beschränkungen (*constr*) für den Suchraum optimierter
Aktionen vor. Die von der O/C-Architektur an das SuOC gesandte Aktion
wird dort schließlich umgesetzt.

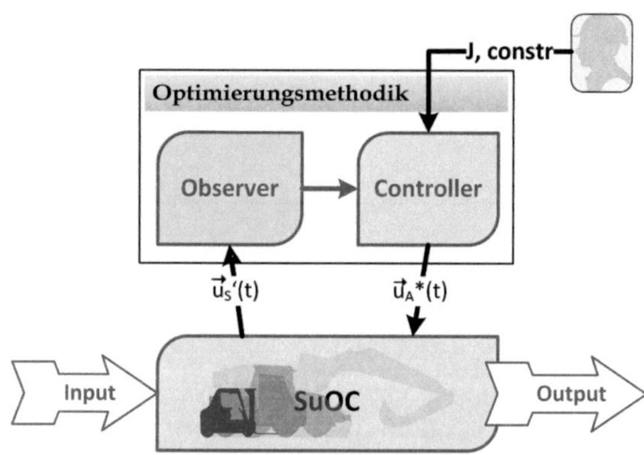

Bild 4.1: Das Optimierungsproblem einer mobilen Arbeitsmaschine mit O/C-
Architektur

Diese Interpretation einer ganzheitlichen Optimierung integriert die in Bild
2.6 aufgeführten Funktionen eines Fahrerassistenzsystems durch Finden
optimaler Trajektorien und einer Betriebsstrategie durch die Steuerung interner Leistungsflüsse.

Zur Anwendung dieser Methodik auf mobile Arbeitsmaschinen wird nun
im nächsten Kapitel eine konkrete Beispielanwendung ausgewählt, bevor
in Kapitel 4.3 auf den Aufbau der O/C-Architektur für die exemplarische
mobile Arbeitsmaschine eingegangen wird.

4.2 Auswahl und Aufbau der exemplarischen mobilen Arbeitsmaschine

Zur vertiefenden wissenschaftlichen Auseinandersetzung der Übertragung der O/C-Architektur auf mobile Arbeitsmaschinen wird im Folgenden ein Standardtraktor als Repräsentant mobiler Arbeitsmaschinen herangezogen, da er in besonders guter Übereinstimmung mit den Modellen aus Kapitel 2 beschrieben werden kann. Ein Standardtraktor verfügt über eine große Zahl an Freiheitsgraden, die für eine Optimierung verwendet werden können. Er zeichnet sich weiter durch vielfältige externe Einflüsse, resultierend aus einem vielseitigen Aufgabenspektrum, unterschiedlichen Anbaugeräten und variierenden Fahrbahnuntergründen aus. Aufgrund der Vielzahl an Funktionalitäten besitzt der Standardtraktor einen komplexen Systemaufbau, welches sich in einem ausgeprägten verkoppelten und hierarchisch strukturierten mechatronischen Antriebsstrang bemerkbar macht. Dass dieser letzte Sachverhalt für Standardtraktoren besonders zutrifft, wurde bereits in Kapitel 2.2 begründet.

Grundlage der weiteren Untersuchungen ist der in Bild 4.2 dargestellte Standardtraktor *Fendt 412 Vario* des Herstellers AGCO FENDT. Mit einer maximalen Motorleistung nach ECE R24 von 92 kW bei 1900 U/min wird der Traktor bevorzugt für Hof- und Feldarbeiten in Gemischt- und Grünlandbetrieben eingesetzt.

Auf die Komponenten des Antriebstrangs im Traktor wurde bereits mit dem morphologischen Kasten aus Bild 2.1 eingegangen. Bild 4.3 zeigt darauf basierend das Modell des Traktors aus physikalischer Sichtweise. Unter Verwendung der Bezeichnungen für die Subsysteme einer mobilen Arbeitsmaschine aus dem morphologischen Kasten wird der Antriebsstrang des Traktors unterteilt in die Systeme Primärwandler, Arbeitssysteme, welches im Falle des Fendt Vario konkret die Arbeitshydraulik und die Zapfwelle sind, und Längsantrieb. Der Längsantrieb wiederum lässt sich in dieser Darstellung in ein hydrostatisch-mechanisch leistungsverzweigtes Ge-

Bild 4.2: Der Versuchsträger Fendt 412 Vario (©AGCO FENDT)

triebe, ein mechanisches Verteilergetriebe mit zwei Gruppenschaltgängen (Gang 1: Acker (Ack) und Gang 2: Straße (Str)), einer Allradzuschaltung sowie Vorder- und Hinterachse mit schaltbarem Heckdifferenzial gliedern. Der Traktor besitzt als Antriebssystem für die Arbeitshydraulik eine closed-center Load-Sensing Arbeitshydraulik mit vorgeschalteten Druckwaagen sowie einen Power-Beyond Anschluss. Es sind weiter neben den Normzapfwellen 540 und 1000 eine Sparzapfwelle 540e wählbar. Die Normzapfwellen liefern die angegebene Drehzahl in U/min am Zapfwellenstummel bei einer Nenndrehzahl des Primärwandlers von 2100 U/min, die Sparzapfwelle liefert diese bei reduzierter Drehzahl von 1800 U/min. Hilfs- und Nebenaggregate sind hier aus Gründen der Übersichtlichkeit nicht eingezeichnet.

In Bild 4.4 ist das wirkungsorientierte Modell eines Traktors in Anlehnung zu Bild 2.2 dargestellt, mit dem Unterschied, dass die Hard- und Software aus Darstellungsgründen nicht eingezeichnet ist. Der Bediener stellt die beeinflussbaren Sollgrößen (aufgelistet im Bild links unten) ein. Da die Systemgrenze zwischen Traktor und Arbeitsgerät gezogen wird, tauscht die Arbeitshydraulik mit dem Gerät hydraulische Leistung aus, die Zapfwelle mechanisch rotatorische und der Längsantrieb mechanisch translatorische.

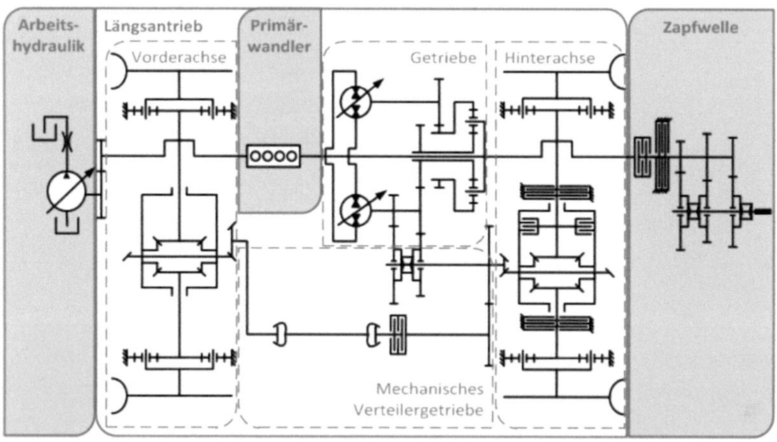

Bild 4.3: Physikalischer Aufbau des Traktor-Antriebstrangs

Denkbar ist die Systemgrenze um das Arbeitsgerät herum zu legen, sodass nur noch mechanisch translatorische Leistung über die Schnittstellen
zur Umgebung ausgetauscht wird. In diesem Fall würde das Anbaugerät in
den Optimierungsprozess aufgenommen werden. Hiervon wird allerdings
in dieser Arbeit abgesehen, da momentan keine lückenlose Kommunikation zwischen Traktor- und Anbaugerät besteht.

In Bild 4.4 unten sind zusammenfassend diejenigen Größen aufgelistet,
mit denen das System Traktor in Wechselwirkung steht. In den folgenden
Kapiteln werden hieraus die Aktion $\vec{u}_A(t)$ und Situation $\vec{u}_S(t)$ abgeleitet.

4.3 Aufbau der O/C-Architektur

Im Fokus dieses Kapitels steht die methodische Umsetzung des Aufbaus
der O/C-Architektur für den Traktor. Die algorithmische Umsetzung liegt
außerhalb des Betrachtungshorizonts dieser Arbeit[2]. Inhaltlich präzisiert

---

[2]Auf die algorithmische Umsetzung der O/C-Architektur für den Traktor gehen die Arbeiten
am AIFB von Micaela Wünsche detailliert ein.

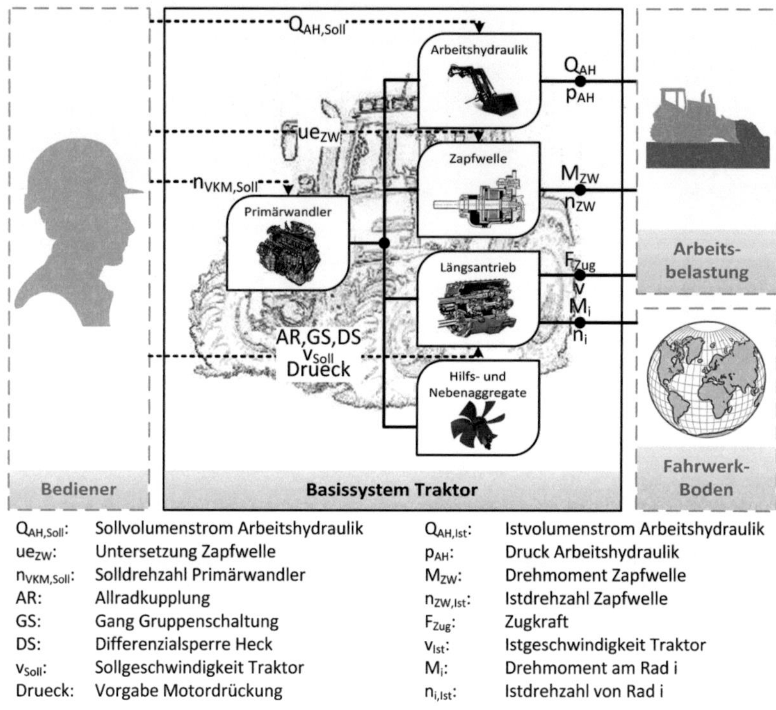

$Q_{AH,Soll}$:	Sollvolumenstrom Arbeitshydraulik	$Q_{AH,Ist}$:	Istvolumenstrom Arbeitshydraulik
ue_{ZW}:	Untersetzung Zapfwelle	p_{AH}:	Druck Arbeitshydraulik
$n_{VKM,Soll}$:	Solldrehzahl Primärwandler	M_{ZW}:	Drehmoment Zapfwelle
AR:	Allradkupplung	$n_{ZW,Ist}$:	Istdrehzahl Zapfwelle
GS:	Gang Gruppenschaltung	F_{Zug}:	Zugkraft
DS:	Differenzialsperre Heck	v_{Ist}:	Istgeschwindigkeit Traktor
v_{Soll}:	Sollgeschwindigkeit Traktor	M_i:	Drehmoment am Rad i
Drueck:	Vorgabe Motordrückung	$n_{i,Ist}$:	Istdrehzahl von Rad i

Bild 4.4: Wirkungsorientiertes Modell eines Standardtraktors

dieses Kapitel die veröffentlichten Informationen aus Kautzmann et. al. [51].

Der Aufbau der auf den Traktor als SuOC angepassten O/C-Architektur ist in Bild 4.5 dargestellt. Input in den Traktor (im Bild unten) ist ein zu erfüllender Arbeitsprozess, Output ist der Grad der Erfüllung der Zielfunktion J. Die darüber liegende O/C-Architektur hat die Aufgabe, das Gesamtsystem zu überwachen und bei Bedarf einzugreifen, sodass kontrolliert selbstorganisiertes Verhalten entsteht. Dazu nimmt der Observer zunächst den messbaren Vektor $\vec{u}'_S(n)$ zur Bestimmung der Situation auf. Die kontinuierliche Zeit t wird ersetzt durch diskrete Zeitschritte n. Um aus $\vec{u}'_S(n)$ eine aktionsunabhängige Beschreibung der Situation $\vec{u}_S(n)$ ableiten zu kön-

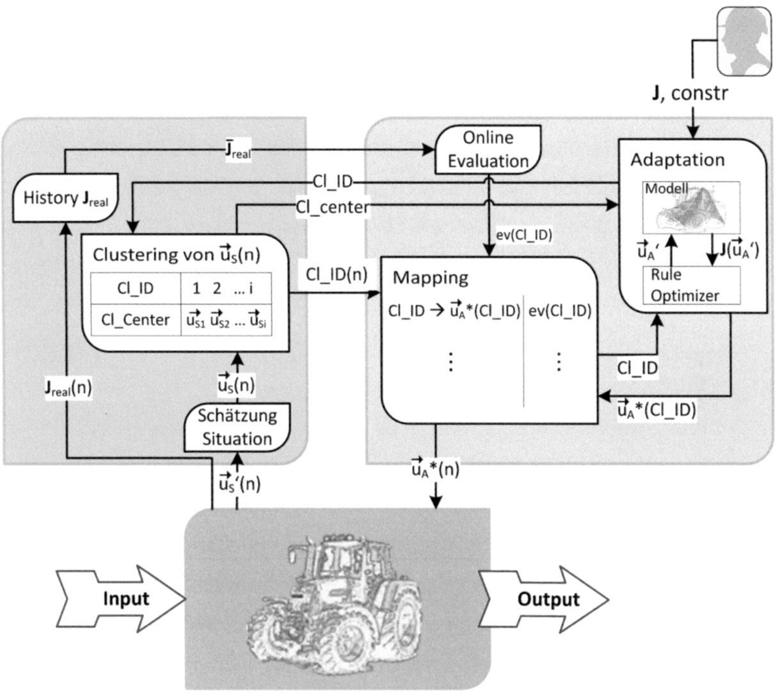

Bild 4.5: Der Aufbau der O/C-Architektur für den Traktor (nach [51])

nen, müssen im Modul „Schätzung Situation" Modelle der Umgebung, in diesem Fall des Arbeitsgeräts und des Reifen-Bodenkontakts, aufgestellt werden. Ziel dieser Modelle ist es, diejenigen Parameter der Umgebung zu bestimmen, die unabhängig von der Aktion $\vec{u}_A(n)$ sind und gleichzeitig das Verhalten der Leistungsflüsse über die Schnittstelle unter Variation von $\vec{u}_A(n)$ beschreiben. Auf den Aufbau der Modelle geht Kapitel 6.1 ein.

Ein wesentliches Ziel des Observers ist es, die unterschiedlichen Situationen, die auf den Traktor einwirken, zu gruppieren, sodass ähnliche Situationen der gleichen Gruppe zugeordnet werden. Man spricht hierbei von *clustern*. Das *Clustering*-Modul innerhalb des Observers nimmt dazu die geschätzte Situation $\vec{u}_S(n)$ über die Zeit auf und und clustert diese in Gruppen. Jedes Cluster wird als eine unterschiedliche abgrenzbare Situation betrachtet, für die eine optimierte Aktion $\vec{u}_A^*(n)$ gefunden werden muss. Cluster sind durch eine Cluster ID (Cl_ID) gekennzeichnet und über den Clusterschwerpunkt (Cl_center) charakterisiert. Das Clustering erfolgt über einen dichtebasierten Cluster-Algorithmus. In jedem Zeitschritt wird die aktuelle Cl_ID an ein *Mapping*-Modul innerhalb des Controllers gesendet. Dort wird der Cl_ID eine optimierte Aktion $\vec{u}_A^*(n)$ zugeordnet. Diese Aktion wird als optimierte Einstellung an das SuOC übermittelt.

Falls dem Mapping die vom Observer stammende Cl_ID unbekannt ist, wird ein *offline*-Lernzyklus innerhalb des *Adaptation*-Moduls im Controller aktiviert. In diesem Fall werden in einem *Rule Optimizer*-Modul neue mögliche Aktionen $\vec{u}_A'$ erzeugt. Deren Tauglichkeit bezüglich Erfüllung der Zielfunktion wird mittels quasi-stationärem Traktormodell im Adaptation-Modul getestet. Vorteil dieser modellbasierten Vorgehensweise ist die Vermeidung schlechter oder gar schädlicher Einstellungen in der realen Maschine. Da algebraisch kein ausgewiesenes Optimum explizit ermittelt werden kann, wird ein heuristisches Vorgehen mittels *Evolutionärem Algorithmus* [106] zur Annäherung an das Optimum angewandt. Dabei werden zunächst eine gewisse Anzahl von möglichen Einstellungen $\vec{u}_A'$, man spricht hier von Individuen, willkürlich erzeugt. Durch Kombination der Merkmale in $\vec{u}_A'$ untereinander, Mutation einzelner Merkmalsausprägungen und Selektion der besten entstandenen neuen $\vec{u}_A'$ bezüglich Erfüllung der Zielfunktion entsteht so die nächste Generation an Individuen. Durch eine genügend hohe Zahl an Generationen konvergieren die Lösungen von $\vec{u}_A'$ mit hoher Wahrscheinlichkeit gegen das tatsächliche Optimum der Zielfunktion.

Das Modell zur Ermittlung der Erfüllung der Zielfunktion J im Adaptation-Modul bezieht die zugehörige Situation durch Anforderung des zur Cl_ID gehörigen Cl_center vom Clustering-Modul. Jene Aktionen $\vec{u}_A'$ mit der besten Erfüllung von J der letzten Generation werden an das Mapping als $\vec{u}_A^*(Cl\_ID)$ übermittelt. Sobald die Situation erneut auftritt, kann nun eine dieser erlernten optimierten Aktionen angewandt werden.

Um die Regeln im Mapping bezüglich ihrer tatsächlichen Eignung in der realen Maschine zu evaluieren, ergänzt ein *online*-Lernzyklus den modellbasierten offline-Lernzyklus. Dazu wird die tatsächliche gemessene Zielfunktion $J_{real}(n)$ in einem *History* Modul abgespeichert. Jedesmal, wenn der Controller eine neue Aktion vorgibt, wird, unter der Voraussetzung, dass sich die Situation nicht ändert, der durchschnittliche Grad der Erfüllung der Zielfunktion $\bar{J}_{real}$ nach der Aktion ermittelt. Die durch $\bar{J}_{real}$ bestimmte Güte der Regel ist ein Maß für die Festlegung des zur Regel im Mapping-Modul gehörigen Evaluationsfaktors (ev). In Relation zu $\bar{J}_{real}$ der anderen zur selben Cl_ID gehörenden Regeln wird so ev erhöht oder erniedrigt. Die Auswahl der angewandten Aktionen ist abhängig von der Höhe von ev, sodass durchschnittlich gute Regeln häufiger angewandt werden als schlechte. Regeln, die wiederholt schlechtes Verhalten besitzen, werden schließlich aus dem Mapping gelöscht. Durch eine sehr große Anzahl an Versuchen, die zur Bestimmung von ev herangezogen werden, wird sichergestellt, dass letztendlich nur jene Regel im Mapping-Modul verbleibt, die unter den aus dem offline-Lernprozess stammenden besten Regeln auch in der Realität das beste zur Cl_ID zugehörige Ergebnis liefert.

5 Dynamisches Simulationsmodell zur Verifikation der O/C-Architektur

Dieses Kapitel beschreibt den Aufbau eines dynamischen Simulationsmodells zur Durchführung einer Bewertung des Gesamtsystems mit O/C-Architektur. Dazu wird ein dynamisches Modell, welches den Traktor als SuOC simulieren soll, benötigt. Vorteil eines validierten Modells gegenüber der realen Maschine sind reproduzierbare genau spezifizierbare Belastungsgrößen, die zur Beurteilung des situationsabhängigen Nutzens der O/C-Architektur ebenfalls synthetischen Charakter haben können. Darüber hinaus kann eine Gefährdung durch schädliche Einstellungen des Controllers für diese grundlegenden Untersuchungen ausgeschlossen werden.

5.1 Anforderungen an das Modell

Das dynamische Modell des Traktors dient der in Kapitel 7 durchzuführenden Bewertung der O/C-Architektur als SuOC. Es soll daher ein realitätsnahes dynamisches Verhalten zeigen und validierte Teilmodelle besitzen. Streng genommen muss zur Sicherstellung der Abbildung des richtigen Verhaltens das Gesamtsystem validiert werden. Darauf wird allerdings verzichtet, statt dessen wird an dieser Stelle festgelegt, dass das dynamische Modell das exaktc Verhalten eines beliebigen realen Traktors abbildet und somit ein reales SuOC darstellt. Für die O/C-Architektur ist die Einschränkung unerheblich, da sie dazu in der Lage ist, jedes beliebige SuOC zu steuern.

Um ein realitätsnahes Verhalten abzubilden, müssen die wesentlichen äußeren Einflüsse auf den Antriebsstrang vom Modell erfasst werden können. Nach Schreiber [87] sind dies unterschiedliche Reifen, Böden, Anbaugeräte, Reifenaufstandskräfte, Lenkwinkel, Gespannmassen und Sollwertvorgaben.

Es muss eine Schnittstelle zum Observer vorliegen, über die ein später noch zu spezifizierendes $\vec{u}'_S$ übertragen werden kann, genauso muss das Modell die vom Controller stammende Aktion $\vec{u}_A$ verarbeiten können. Zur Gewährleistung umfassender Auswertungen auf einem stationären Rechner muss die Rechenzeit für die Durchläufe in einem vernünftigen Rahmen liegen.

5.2 Aufbau des dynamischen Modells

Es wird ein eindimensionaler ereignisbasierter Simulationsansatz mit konzentrierten Parametern in einer Co-Simulation zwischen AMESim und Matlab/Simulink gewählt. Unter ereignisbasiert ist dabei die Vorgabe der Arbeitsbelastung nach zurückgelegtem Weg zu verstehen. Im Gegensatz zu einem zeitbasierten Ansatz kann so eine objektive Bewertung unterschiedlicher Sollwertvorgaben des Traktors gewährleistet werden.

Der systemorientierte Aufbau des Modells ist in Bild 5.1 in Anlehnung an das wirkungsorientierte Modell aus Bild 4.4 dargestellt. Es handelt sich bei der Darstellung um eine gerichtete Veranschaulichung der Leistungspfade. In Erweiterung ist in der Darstellung der Fahrantrieb in die Teilsysteme Getriebe, Abtrieb und (Getriebe-)Regler untergliedert. Der Abtrieb besteht wiederum aus den in Bild 4.3 eingeführten Komponenten mechanisches Verteilergetriebe, Vorder- und Hinterachse. Der Primärwandler wird im Folgenden Verbrennungskraftmaschine (VKM) bezeichnet.

Aus dem Gerätemodell stammen die Vorgaben der Arbeitsbelastung p_{AH}, M_{ZW} und F_{Zug}. Deren Verlauf ist abhängig vom Gerät und in Wechselwirkung mit den Bedienervorgaben und dynamischem Traktormodell von tatsächlichem Volumenstrom $Q_{AH,ist}$, Drehzahl $n_{ZW,ist}$ und Geschwindigkeit v_{ist}. Das Reifen-Bodenmodell liefert charakteristische Parameter, die

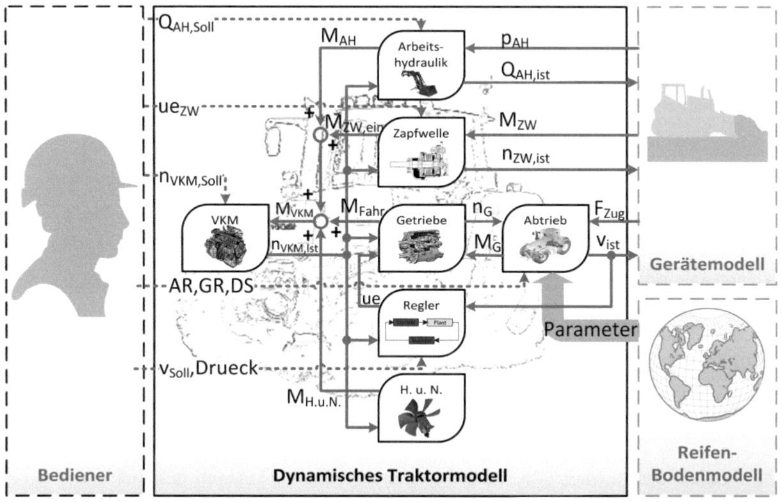

Bild 5.1: Aufbau des dynamischen Traktormodells (nach [51])

das Verhalten an den einzelnen Rädern *i* beschreiben. Das Modell bietet zudem die Möglichkeit, den Lenkwinkel φ zu berücksichtigen. Der Lenkwinkel geht als eine Art Beschreibung der Umgebung über diesen Parametersatz in das Modell ein. Aus Darstellungsgründen ist die Schnittstelle zur O/C-Architektur nicht eingezeichnet. Da die O/C-Architektur in Matlab/Simulink und wesentliche Subsysteme aus Bild 5.1 in AMESim aufgebaut sind, erfolgt die Kommunikation beider Simulationsumgebungen mittels *S-functions*. In Kautzmann et. al. [50] ist diese Schnittstelle detaillierter beschrieben.

Durch den im Folgenden näher spezifizierten Aufbau eines dynamischen Traktormodells lassen sich neben den aus Kapitel 5.1 genannten wesentlichen äußeren Einflüssen und der Schnittstelle zur O/C-Architektur die inneren Leistungsflüsse in VKM, Arbeitshydrauklik, Zapfwelle, Fahrantrieb sowie Hilfs- und Nebenverbraucher abbilden. Dadurch können die Zielfunktionen Wirkungsgrad, Kraftstoffverbrauch, Schadstoffemissionen und Flächenleistung ermittelt werden. Im Folgenden werden der Aufbau der

Teilmodelle beschrieben. Das Modell des Bedieners stellt lediglich eine Sollwertvorgabe dar, sodass hierzu keine weiteren Ausführungen notwendig sind.

5.2.1 Gerätemodell

Das Gerätemodell ist aus dem dynamischen Traktormodell ausgelagert. Daher liegen an deren Schnittstelle die hydraulische und mechanische übertragene Leistung der Arbeitshydraulik, Zapfwelle und Zugvorrichtung an. In Abhängigkeit der vom dynamischen Traktormodell stammenden tatsächlichen Größen $Q_{AH,ist}$, $n_{ZW,ist}$ sowie v_{ist} und des modellierten Arbeitsgeräts stellt sich die jeweilige Last p_{AH}, M_{ZW} und F_{Zug} ein. Dabei werden jene Geräte betrachtet, die im *DLG-PowerMix* [21] erwähnt sind. Dies sind Grubber, Pflug, Kreiselegge, Mähwerk, Miststreuer und Ballenpresse. Der DLG-PowerMix stellt ein praxisorientiertes, skalierbares und dynamisches Belastungsszenario für Standardtraktoren für die genannten Arbeiten dar.

In diesem Fall werden empirische Modelle zur Vorhersage von Belastungsprofilen verwendet. Diese besitzen im Allgemeinen drei Parametergruppen (nach Rössler et. al. [85]):

- **Betriebsparameter:** Darunter fallen jene Parameter, die während der Feldbearbeitung definiert verändert werden können und Einfluss auf das Verhalten des Geräts im Hinblick auf die Belastungsprofile haben. Es sind diese die genannten vom Traktor stammenden tatsächlichen Geschwindigkeiten. Definiert beeinflusst werden diese über die Aktion $\vec{u}_A$.

- **Geräteparameter:** Geräteparameter sind konstruktiv bedingt und, anders als die Betriebsparameter, in der Regel während des Betriebs unveränderbar.

- **Bodenparameter:** Zu den Bodenparametern gehören Merkmale wie Bodenart, Bodenfeuchte und Bodendichte.

Die aus dem DLG-PowerMix stammenden Graphen der Belastungsgrößen werden als Referenzwert zu den im DLG-PowerMix vorgegebenen Betriebsparameter angesehen. Weichen die eingestellten Betriebsparameter von den vorgegebenen Betriebsparametern ab, ermitteln hinterlegte gerätespezifische Modelle die Differenz zu den Referenzwerten der Belastungsgrößen. Die hier verwendeten Modelle sind aus der Literatur bekannt und dort validiert worden. Rössler et. al. [85] gibt hierzu einen Überblick und stellt die zum Einsatz kommenden Modelle vor.

5.2.2 Reifen-Bodenmodell

Das Reifen-Bodenverhalten stellt Schreiber [87] zitierend, „einen der wichtigsten Einflussfaktoren auf die Zielfunktion Kraftstoffverbrauch und gleichzeitig einen der größten Unsicherheitsfaktoren bei der Modellbildung dar: daher ist die Abschätzung dieses Verhaltens von großer Bedeutung. Generell existieren hier zur Beschreibung der Kräfte und Momente im Reifen-Bodenkontakt die charakteristischen Größen Triebschlupf s, Triebkraftsbeiwert κ, Umfangskraftbeiwert μ und Rollwiderstand ρ“:

$$s = 1 - \frac{v}{v_{th}} \tag{5.1}$$

$$\kappa = \frac{F_X}{F_Z} \tag{5.2}$$

$$\mu = \frac{F_U}{F_Z} \tag{5.3}$$

$$\rho = \frac{F_U - F_X}{F_Z} = \mu - \kappa \tag{5.4}$$

v = reale Fahrgeschwindigkeit

v_{th} = ideale schlupflose Geschwindigkeit

F_X = Radzugkraft

F_Z = vertikale Bodenstützkraft

F_U = Radumfangskraft

Sowohl Triebkraftsbeiwert, Umfangskraftbeiwert als auch Rollwiderstandsbeiwert sind abhängig vom Schlupf. Messungen von Kutzbach [61] und
Söhne [94] ergeben für unterschiedliche Böden einen quantitativen Zusammenhang wie in Bild 5.2 dargestellt. Um den Triebkraftbeiwert und
den Rollwiderstandsbeiwert mathematisch in Abhängigkeit des Schlupfs
zu beschreiben, können die von Schreiber [87] aufgestellten Modelle nach
folgenden Gleichungen verwendet werden:

$$\kappa = a_1 - b_1 \cdot e^{-c_1 \cdot s} - d_1 \cdot s \tag{5.5}$$

$$\rho = a_2 + b_2 \cdot s \tag{5.6}$$

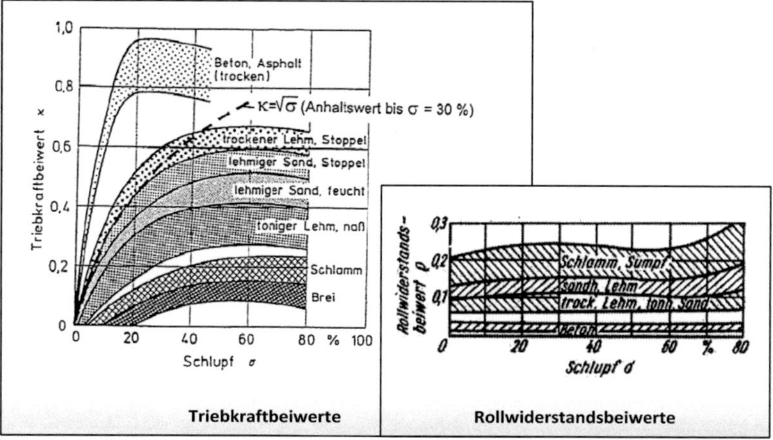

Bild 5.2: Gemessene Treibkraftbeiwerte (links) aus [61] und Rollwiderstandsbei-
werte (rechts) aus [94] für verschiedene Böden

Exemplarische Verläufe der nach den Gleichungen 5.5 und 5.6 beschriebenen Triebkraft-Schlupf und Rollwiderstand-Schlupf Kurven sind in Bild
5.3 dargestellt. Schreiber [87] gibt hierauf basierend Vorschläge zur Para-
meterwahl $a_1 \ldots d_1$, a_2 und b_2 anhand eines Vergleichs mit gemessenen
Daten in Abhängigkeit des Bodens, der Reifengröße und des Reifendrucks.

Auf diese Weise werden zur Bewertung der O/C-Architektur in dieser Arbeit acht verschiedene Böden für die zugrunde gelegten Reifen des Fendt 412 Vario parametriert.

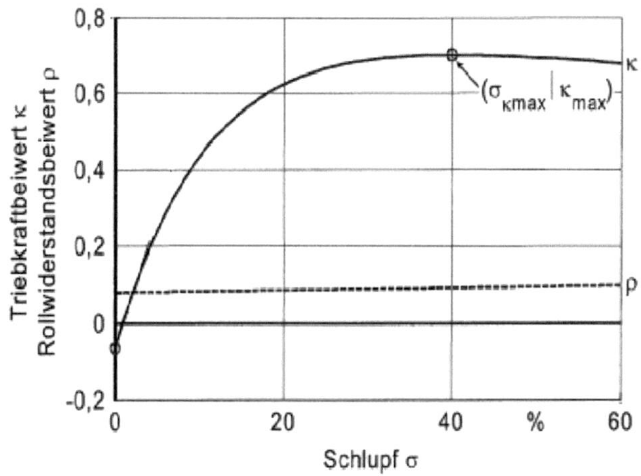

Bild 5.3: Das Reifen-Bodenmodell aus [87]

Die Funktion zur Berechnung von κ aus Gleichung 5.5 ist, wie in Bild 5.3 zu sehen, nicht monoton wachsend. Dies würde bei der Berechnung der Zustände im Reifen-Bodenkontakt zu einer nicht-eindeutigen Lösung führen. Aus diesem Grund werden die ursprünglich ermittelten Kurven durch ein Polynom 5. Grades angenähert:

$$\kappa' = k_5 \cdot s^5 + k_4 \cdot s^4 + k_3 \cdot s^3 + k_2 \cdot s^2 + k_1 \cdot s + k_0 \qquad (5.7)$$

Im relevanten Bereich zwischen $-0,05 \leq s \leq s_{\kappa max}$ führt eine derartige Annäherung zu einer sehr guten Übereinstimmung. Die untere Grenze wurde hier auf -0,05 herabgesetzt, da Betriebszustände auftreten, in der die Vorderachse geschoben und dadurch der Quotient $v/v_{th} > 1$ wird. An der Obergrenze liegen jenseits des maximalen Triebkraftbeiwerts $s_{\kappa max}$ instabile Fahrzustände im Sinne von LYAPUNOV, sodass davon auszugehen ist, dass dieser Bereich in der Realität nur sehr selten angefahren wird.

Die Parameter $(k_0 \ldots k_5, a_2, b_2)$ zur Bestimmung des Fahrwerk-Bodenmodells gehen gemeinsam mit dem Lenkwinkel φ, den Reifenaufstandskräften $F_{Z,i}$ der einzelnen Reifen i und der Gespannmasse m als Parameter aus Bild 5.1 in das dynamische Traktormodell ein.

5.2.3 VKM, Arbeitshydraulik, Zapfwelle, Hilfs- und Nebenaggregate

Die Subsysteme VKM, Arbeitshydraulik, Zapfwelle, Hilfs- und Nebenaggregate werden orientiert am physikalischen Aufbau der realen Systeme in AMESim abgebildet. Unter der Einschränkung, dass die Abbildung des exakten dynamischen Verhaltens des Fendt 412 Vario von untergeordneter Bedeutung ist, können die darin enthaltenen Parameter entweder aus der Dokumentation des Traktors herausgenommen werden oder lassen sich einfach aus dem realen Versuchsträger herausmessen.

Die VKM wird dabei als Drehmomentquelle betrachtet. Die bewegten Massen bspw. der Kolben und Kurbelwelle werden zu einer konzentrierten Drehmasse zusammengefasst, die von der VKM angetrieben und vom resultierenden Moment M_{VKM} aus Bild 5.1 abgebremst wird. Eine Drehmomentregelung mit hinterlegter Volllastkennlinie sorgt für die Einhaltung der vorgegebenen Solldrehzahl $n_{VKM,Soll}$.

Bei der Arbeitshydraulik wird ein LS-System mit vier Verbrauchern bei vorgeschalteten Druckwaagen und einem Power-Beyond Anschluss dargestellt. Die LS-Druckdifferenz wird durch den Pumpenregler auf 11 bar konstant eingeregelt.

Die Darstellung der Zapfwelle in AMESim erfolgt über eine gestufte Wandlung von Drehzahl und Drehmoment und vorgeschalteter Kupplung zur Leistungsunterbrechung.

Die Hilfs- und Nebenaggregate werden als Drehmomentquellen dargestellt, die der Drehzahl der VKM entgegenwirken. Hinterlegt sind hier sowohl physikalische Modelle als auch Kennfelder.

5.2.4 Längsantrieb

Der Längsantrieb besteht aus den Teilsystemen Getriebe, Abtrieb und Getrieberegler.

Das hydraulisch-mechanisch leistungsverzweigte Getriebe kann über die in AMESim hinterlegten Funktionsbibliotheken abgebildet werden. Im Getriebe integriert ist eine Drehmasse und ein mechanisches Feder-Dämpfer Element, welche die dynamischen Eigenschaften des mechanischen Teils im Längsantrieb vereinfacht darstellen.

In AMESim kann ebenfalls der Getrieberegler aufgebaut werden, der nach Bild 5.4 zwischen zwei Reglern schaltet, dem Geschwindigkeits- und dem Leistungsregler. Der Geschwindigkeitsregler stellt sicher, dass die von einem Tempomat oder dem Bediener stammende Sollgeschwindigkeit v_{Soll} eingeregelt wird. Stellsignal ist die Untersetzung ue des Getriebes. Gerät der Verbrennungsmotor dadurch soweit in Drückung, dass die Drehzahl der VKM auf den vorgegebenen Drückungswert *Drueck* abfällt, wird auf *Leistungsregelung* [92] umgeschaltet. Dadurch wird die Geschwindigkeitsdifferenz im Geschwindigkeitsregler über eine Logik mit Null multipliziert und die Drehzahldifferenz im Leistungsregler mit Eins. Die Volllastkennlinie ist über weite Bereiche so gestaltet, dass mit fallender Motordrehzahl die maximal zulässige Einspritzmenge angehoben wird, sodass die VKM bei fallender Drehzahl höhere Momente abgeben kann. Im Zustand Leistungsregler wird die VKM über das Stellsignal auf die durch *Drueck* vorgegebene Leistung eingeregelt, was das Abwürgen der VKM verhindert. Überschreitet der in Leistungsregelung fahrende Traktor durch ein Absinken der äußeren Belastungen schließlich die Sollgeschwindigkeit v_{Soll}, so wird wieder in Geschwindigkeitsregelung durch multiplikative Überlagerung der Drehzahldifferenz mit Null und der Geschwindigkeitsdifferenz mit Eins gewechselt. Durch den Einsatz von reinen I-Reglern wird verhindert, dass das Stellsignal beim Wechsel des Reglers springt.

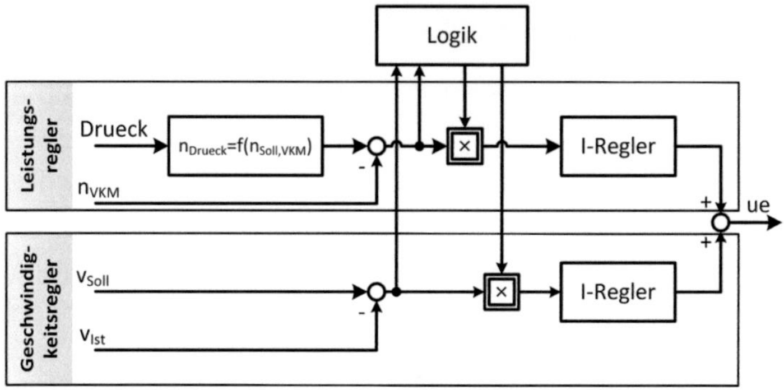

Bild 5.4: Getrieberegler

Die mit AMESim zur Verfügung stehende gerichtete Simulationsweise ist für die Modellierung des Abtriebs ungeeignet, da hier ein fünf-dimensionales nichtlineares Gleichungssystem zu lösen ist. Daher wird die Berechnung in Simulink durchgeführt. Die Berechnungsschritte des quasi-stationären Verlaufs zur Ermittlung der gesuchten Größen M_G und v_{Ist} sind in Tabelle 5.1 dargestellt. Durch Einsetzen der Gleichungen aus „Beschreibung Reifen-Boden Kontakt" und „Beschreibung interner Übersetzungen" in „Gleichungssysteme" können die fünf unbekannten Größen (v, n_i) über die fünf linear unabhängigen Gleichungen gelöst werden. Das Gleichungssystem ist angelehnt an die Ausführungen in Schreiber [87] und um die Darstellung des Lenkwinkels φ erweitert. Dabei bedeuten die Abkürzungen *o: offen, g:geschlossen, Δt: Simulationszeitschritt* und *v_{t-1}: Geschwindigkeit im letzten Simulationszeitschritt*. Die Bezeichnung der Variablen können Bild 5.5 entnommen werden[1].

---

[1] Anstatt das Gleichungssystem wie naheliegend über eine *m-function* zu programmieren und so in Simulink einzubinden, wurde das Gleichungssystem mittels Simulink-eigenen „Alge-

Tabelle 5.1: Gleichungssystem Abtrieb

Beschreibung Reifen-Boden Kontakt	
$\kappa_i' = k_{5,i} \cdot s_i^5 + k_{4,i} \cdot s_i^4 + k_{3,i} \cdot s_i^3 + k_{2,i} \cdot s_i^2 + k_{1,i} \cdot s_i + k_{0,i}$ $\rho_i = a_{2,i} + b_{2,i} \cdot s_i$ $s_i = 1 - \frac{30 \cdot v_i}{\pi \cdot n_i \cdot r_i}$	r_i= Dynamischer Rollradius Rad i

$\varphi = 0:$	$\varphi \neq 0:$
$v_1 = v$	$v_1 = v\left(1 + \frac{d \cdot \tan\varphi}{l}\right)$
$v_2 = v$	$v_2 = v\left(1 - \frac{d \cdot \tan\varphi}{l}\right)$
$v_3 = v$	$v_3 = v \cdot \frac{\tan\varphi}{l} \cdot \sqrt{l^2 + \left(\frac{l}{\tan\varphi} + d\right)^2}$
$v_4 = v$	$v_3 = v \cdot \frac{\tan\varphi}{l} \cdot \sqrt{l^2 + \left(\frac{l}{\tan\varphi} - d\right)^2}$

| $M_i = F_{Z,i} \cdot r_i \cdot (\kappa_i' + \rho_i)$
 $F_{X,i} = F_{Z,i} \cdot \kappa_i$ | $F_{Z,i}$= Reifenaufstandskraft i |

Beschreibung interner Übersetzungen		
$n_{E,i} = n_i \cdot i_{E,i}$	$M_{E,i} = \frac{M_i}{i_{E,i}}$	$i_{E,i}$= Übersetzung Endantrieb i
$n_H = \frac{(n_{E,1}+n_{E,2}) \cdot i_{DS}}{2}$	$M_H = \frac{M_{E,1}+M_{E,2}}{i_{DS}}$	i_{DS}= Übersetzung Differenzial Heck
$n_V = \frac{(n_{E,3}+n_{E,4}) \cdot i_D}{2}$	$M_V = \frac{2 \cdot M_{E,3}}{i_D}$	i_D= Übersetzung Differenzial Front
$M_{GS} = M_H + M_V$		
$M_G = \frac{M_{GS}}{i_{GS}}$	$n_{GS} = \frac{n_G}{i_{GS}}$	i_{GS}= Übersetzung Gruppenschaltung

Gleichungssysteme			
DS=o; AR=g	DS=o; AR=o	DS=g; AR=g	DS=g; AR=o
$n_H - n_V = 0$	$M_V = 0$	$n_H - n_V = 0$	$M_V = 0$
$M_{E,1} - M_{E,2} = 0$	$M_{E,1} - M_{E,2} = 0$	$n_{E,1} - n_{E,2} = 0$	$n_{E,1} - n_{E,2} = 0$

$\longleftarrow n_H - n_{GR} = 0 \longrightarrow$

$\longleftarrow M_{E,3} - M_{E,4} = 0 \longrightarrow$

$\longleftarrow \left(\sum_{i=1}^{4} F_{X,i} - F_{Zug}\right) \cdot \Delta t + m(v_{t-1} - v) = 0 \longrightarrow$

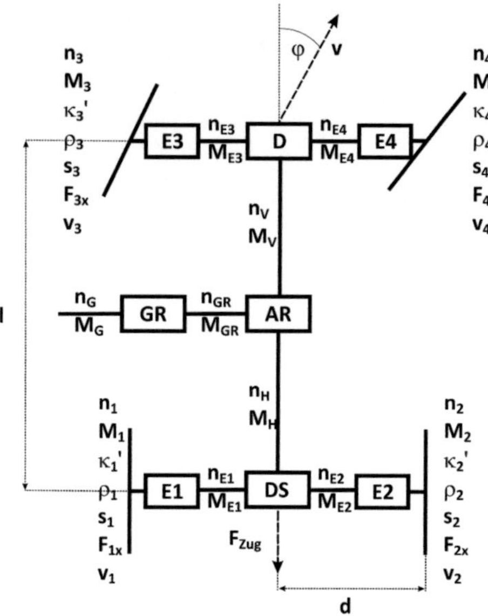

Bild 5.5: Bezeichnungen für das Gleichungssystem in Tabelle 5.1 in der Draufsicht des Abtriebs

5.2.5 Verlustmodelle

In Bild 5.6 sind die modellierten Verlustquellen, wie sie in den einzelnen Subsystemen aus Bild 5.1 integriert sind, dargestellt. Weitere Verlustquellen sind von untergeordneter Größenordnung und werden im Rahmen der hier geforderten Genauigkeit vernachlässigt.

Die verwendeten Verlustmodelle greifen auf zwei in Kohmäscher [56] beschriebene prinzipielle methodische Ansätze zurück:

- **Physikalische Verlustmodelle:** Basierend auf physikalischen Formeln aus der Fluidmechanik und Mechanik werden die Verluste in Abhängigkeit von geometrischen Parametern bestimmt. Über Koef-

---

braic Constraints" Blöcken aufgebaut. Auf diese Weise konnte die Simulationsdauer um den Faktor 10^{-3} verkürzt werden.

fizienten wird das Modell an die Ergebnisse von Messungen angepasst.

- **Mathematische Verlustmodelle:** Die Modellierung des Verlustverhaltens wird auf die Approximation gemessener Daten reduziert. Die Koeffizienten eines allgemeinen mathematischen Ansatzes werden entsprechend eines Qualitätskriteriums optimiert. Dieses Verfahren setzt eine große Anzahl gemessener Betriebspunkte voraus, um ein genaues Modell zu erhalten.

5.3 Verifizierung des Gesamtsystems

Die beschriebenen Teilsysteme wurden mittels gemessener Datensätze oder bereits validierter Teilmodelle aus der Literatur verglichen. Dabei konnte eine relative Abweichung der Teilmodelle im relevanten Arbeitsbereich von maximal 5 % nachgewiesen werden [50]. Schlussfolgernd wird unter Berücksichtigung der Anforderungen an die Genauigkeit aus Kapitel 5.1 die Aussage getroffen, dass dadurch die Teilmodelle die richtigen Ergebnisse liefern.

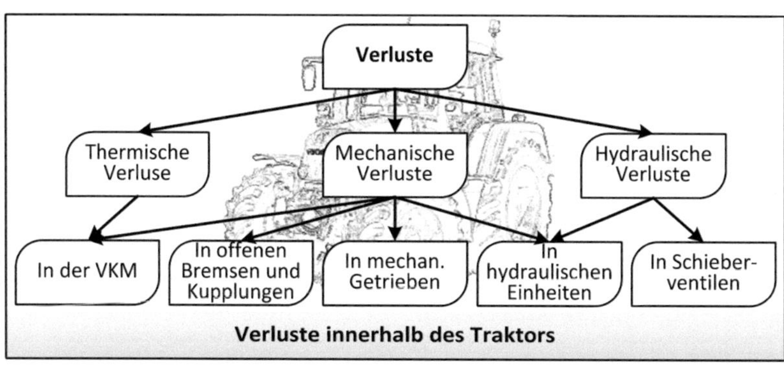

Bild 5.6: Verlustquellen in mobilen Arbeitsmaschinen (nach [50])

Darauf aufbauend wird in diesem Kapitel die Wirkungsweise des Gesamt-modells exemplarisch anhand des DLG-PowerMix Zyklus Z1G (Grubbern) dargestellt, welches in diesem Zuge ebenfalls plausibilisiert wird. Zyklus Z1G erfordert weitgehend den Betrieb auf der Volllastkennlinie, also bei 100 % Motorleistung.

Die VKM wird in Z1G mit der Solldrehzahl 2100 U/min betrieben, der Wert der Maximaldrückung ist 0,1. Die Sollgeschwindigkeit beträgt 2,8 m/s. Die Reifen-Bodenparameter beschreiben einen Stoppelacker mit hohem Tongehalt, der Lenkwinkel ist jederzeit gleich Null. Die Allrad-kupplung ist geschlossen, die Gruppenschaltung ist in der Stellung Acker und die Differenzialsperre ist geschlossen. Neben Längsantrieb und Hilfs- und Nebenaggregaten sind keine weiteren Verbraucher aktiv.

Aus der Gegenüberstellung der Zugkraft F_{Zug} aus dem DLG-PowerMix und der Istgeschwindigkeit v_{Ist} in Bild 5.7 erkennt man, dass der Trak-tor zwischen 50 s und etwa 200 s in Drückung gerät, da hier die Sollge-schwindigkeit nicht umgesetzt werden kann. Im Zeitraum zwischen 200 s und 250 s sinkt die Zugkraft im Mittel gesehen, sodass sich die VKM erho-len kann und die Sollgeschwindigkeit in diesem Zeitraum mit Ausnahme des Zugkraftpeaks bei etwa 220 s erreicht wird.

Die Verteilung der Motorzustände ist in Bild 5.8 zu sehen. Es zeigt sich hieraus, dass die höchste Dichteverteilung der Motorzustände um 1890 U/min liegt, was der maximalen Motordrückung entspricht. Schluss-folgernd wird der Antriebsstrang über einen großen Zeitraum in Leistungs-regelung betrieben, was ebenfalls aus dem Geschwindigkeitsprofil hervor-geht. Weiter kann aus der Abbildung ebenfalls die konstante Solldrehzahl von 2100 U/min unterhalb der durch die Betriebspunkte angedeuteten Voll-lastkennlinie herausgelesen werden.

In Bild 5.9 ist exemplarisch die Zielfunktion Wirkungsgrad aufgetragen. Der Wirkungsgrad wird definiert als der Quotient aus abgegebener Nutz-leistung, in diesem Fall Zugleistung, und zugeführter chemischer Leistung des Kraftstoffs. Zu sehen ist, dass der Wirkungsgrad dann hoch ist, wenn

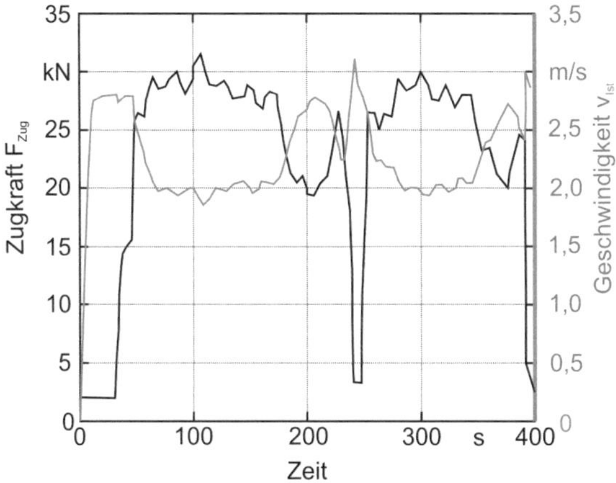

Bild 5.7: Zugkraft und Geschwindigkeit aus dem DLG PowerMix Z1G - Grubbern

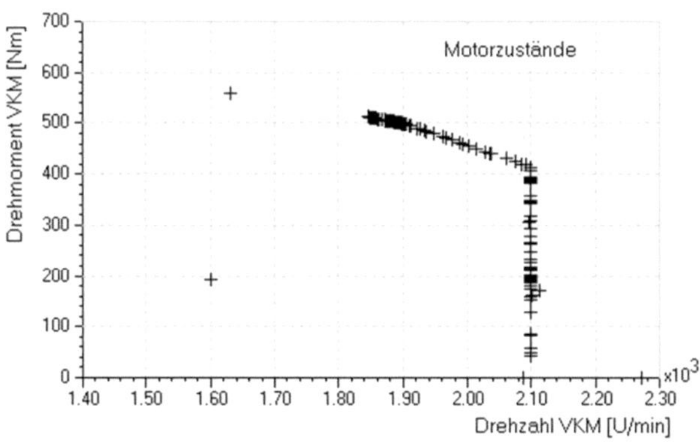

Bild 5.8: Die Motorzustände bei DLG PowerMix Z1G - Grubbern

die Zugkraft hoch ist und der Traktor entsprechend in Drückung ist. Die VKM und das Getriebe befinden sich hier in einem effizienten Betriebsbereich und der Anteil der Hilfs- und Nebenaggregate am Kraftstoffverbrauch ist gering. Der Gesamtwirkungsgrad in der gezeigten Höhe ist vernünftig, denn die VKM als maßgebliche Verlustquelle hat im Bestpunkt einen Wirkungsgrad von etwa 40 %, der Gesamtwirkungsgrad muss entsprechend der seriellen Anordnung der VKM im Antriebsstrang niedriger sein.

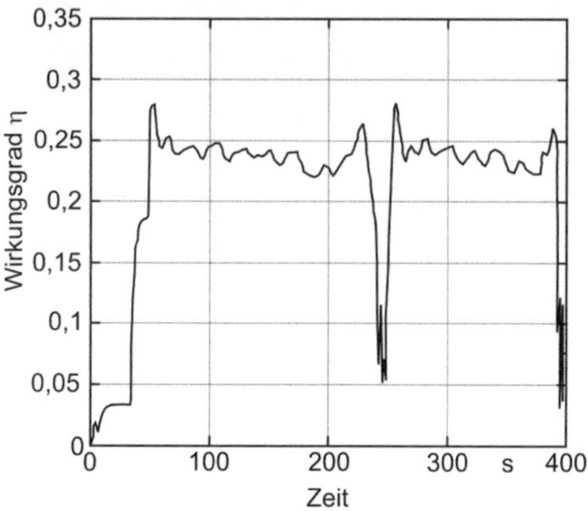

Bild 5.9: Die Zielfunktion Wirkungsgrad bei DLG PowerMix Z1G - Grubbern

Zusammenfassend liefert das Modell in dieser Simulation vernünftige Werte. Die Verifizierung wurde ebenfalls anhand weiterer Zyklen und verschiedener Parametervariationen durchgeführt. Alle Simulationen bestätigen diese Aussage über die Tauglichkeit der Ergebnisse [50]. Bei einer simulierten Zeit von etwa 397 s liegt die Simulationszeit auf einem windowsbasierten Rechner mit 1,3 GHz und 50 % Auslastung bei 364 s. Damit kann schlussfolgernd gezeigt werden, dass die simulierte Zeit etwa gleich der Simulationszeit ist. Die Simulationsdauer liegt somit für die weiteren Untersuchungen des Modells als SuOC in einem vernünftigen Rahmen.

6 Integrale Modelle der O/C-Architektur

Dieses Kapitel beschreibt den Aufbau von Simulationsmodellen, die integraler Bestandteil der O/C-Architektur sind. Diese sind zum einen der Situationsschätzer von Anbaugerät und Reifen-Bodenkontakt im Observer und zum anderen das Simulationsmodell des Traktors im Controller. Der Aufbau des Controllermodells liefert quasi-stationäre Aussagen zum Verhalten des Traktors und unterscheidet sich daher grundlegend vom dynamischen aus Kapitel 5.

6.1 Modelle zur Situationsbeschreibung

Der Zweck der Modelle zur Situationsbeschreibung ist die Schätzung der Situation $\vec{u}_S$, welche in Verbindung mit der Aktion $\vec{u}_A$ eine quantitative Beschreibung der Leistung über die Schnittstelle des Traktors zu Anbaugerät und Reifen-Bodenkontakt gibt. Diese Schätzung ist Teil des Observers. Ziel ist es dementsprechend aus einem gemessenen Datensatz $\vec{u}'_S$, dessen Einträge aufgrund der Wechselwirkung des Traktors mit der Umwelt entstanden und dadurch abhängig von den Einstellungen $\vec{u}_A$ des Traktors sind, eine Situation $\vec{u}_S$ zu schätzen, die unabhängig von den Einstellungen $\vec{u}_A$ sind. Die dabei auftretende Schwierigkeit ist die Schätzung online, d. h. auf dem Feld zur Laufzeit der Maschine und die damit verbundenen stark schwankenden Messdaten. Eine weitere signifikante Schwierigkeit besteht darin, dass zur Schätzung der Situationen jeweils nur ein Messwertetupel zur Verfügung steht. Die im Folgenden vorgestellten Modelle nutzen die Tatsache, dass die geschätzte Situation $\vec{u}_S$ auf einen Clustering-Algorithmus abgebildet werden, der daraus eine Repräsentation durch Clusterschwerpunkte ermittelt. Somit erfahren die Rohdaten eine Mittelwertbildung.

6.1.1 Modell zur Situationsbeschreibung des Anbaugeräts

Es besteht die Notwendigkeit, Gerätemodelle aufzubauen, da sich unter Variation von Betriebsparametern, die maßgeblich über die Aktion $\vec{u}_A$ beeinflusst werden, die Lastprofile der Schnittstellen zum Anbaugeräte ändern können. Ziel ist es daher, Modelle zu entwickeln, deren Parameter unabhängig von aktuellen Betriebsparametern sind und dessen Argument die Betriebsparameter sind, um so die erforderlichen Belastungsgrößen F_{Zug}, M_{ZW} und p_{AH} auszugeben. Das Modell bildet dabei gemeinsam mit dem Modell zur Sitauationsbeschreibung des Reifen-Bodenkontakts aus Kapitel 6.1.2 einen gemessenen Eingangsvektor $\vec{u}'_S$ auf die Situation $\vec{u}_S$ ab.

Im Folgenden werden diesbezüglich Lösungsvorschläge gemacht. Wie schon im Kapitel 5.2.1 werden hier diejenigen Geräte untersucht, die im DLG-PowerMix aufgeführt sind.

Ein hier zur Verwendung kommender geräteunspezifischer Lösungsansatz zur Situationsbeschreibung des Anbaugeräts geht von einer konstanten Belastung F_{Zug}, M_{ZW} und p_{AH} entlang der Variation der Betriebsparameter aus. Dadurch beschreiben die messbaren Belastungen betriebsparameterunabhängige Größen. Somit sind die gesuchten Ausgänge des Situationsschätzers für das Anbaugerät F_{Zug}, M_{ZW} und p_{AH}.

Die Beschreibung der Situation durch dieses Modell weicht mitunter stark von realen Beobachtungen ab. Allerdings kann im hier vorliegenden speziellen Kontext der online-Lernprozess die Aufgabe übernehmen, die tatsächliche optimierte Aktion bei tatsächlich auftretender Belastungen zu finden. Ein solcher Ansatz hat den Vorteil einer geringen notwendigen Rechenzeit.

In Rössler et. al. [85] wird ein gerätespezifischer Ansatz unter variierenden Belastungen zur Beschreibung der Situation der Anbaugeräte vorgestellt. Bei deren Anwendung wird davon ausgegangen, dass der Traktor das Anbaugerät über den ISOBUS erkennt und das passende hinterlegte Modell auswählt. Bei den aufgestellten Modellen werden zur Wahrung der Allgemeingültigkeit einige Vereinfachungen gemacht. Im Zuge der beobachtbaren fortschreitenden Automatisierung zwischen Traktor und Anbaugerät ist ausblickend ebenfalls vorstellbar, dass das Gerät ein genaues Modell zur Situationsbeschreibung über den ISOBUS auf die O/C-Architektur überträgt. Da der gerätespezifische Ansatz in dieser Arbeit nicht zum Einsatz kommt, wird an dieser Stelle lediglich darauf verwiesen.

6.1.2 Modell zur Situationsbeschreibung des Reifen-Bodenkontakts

Im Gegensatz zu reinen onroad-Fahrzeugen befahren Traktoren sehr unterschiedliche Böden, sodass der Reifen-Bodenkontakt sehr unterschiedlich sein kann und daher nicht durch einen einzigen Parametersatz angenähert werden kann.

Die Kurven μ, κ und ρ aus Kapitel 5.2.2 zur Beschreibung des Reifen-Bodenkontakts weisen einige besondere Merkmale auf, die in diesem Kapitel zur Aufstellung eines Situationsschätzers genutzt werden. Zunächst einmal zeigen die Verläufe des Rollwiderstandsbeiwerts ρ aus den validierten Modellen nach Schreiber [87], dass dafür in guter Näherung konstante Werte angesetzt werden können. Daraus folgt, dass die Verläufe von Umfangskraftbeiwert μ und Triebkraftsbeiwert κ qualitativ gleich sind. Unter dieser Schlussfolgerung zeigen die $\mu(s)$-Kurven, genau wie die $\kappa(s)$-Kurven aus Bild 5.2, dass die Steigung (μ/s) im relevanten Bereich in einiger Entfernung links vom Maximum in etwa konstant ist. Dies ist der Bereich, indem sich die überwiegende Mehrheit aller Fahrsituationen befindet, da der Bereich rechts vom Maximum bibo-instabil ist und der Bereich in unmittelbarer Nähe links vom Maximum einen sehr schlechten Wirkungsgrad aufweist. Ferner ist die Steigung ein Maß für das Maximum μ_{max}, d.h. μ_{max}

ist eine monoton wachsende Funktion von (μ/s). Darüber hinaus fällt auf, dass die Kurven im Bereich bis zum Maximum einer tanh-Funktion ähneln:

$$\mu = a \cdot \tanh(b \cdot s). \tag{6.1}$$

Oftmals wird wie in Bild 5.2 gezeigt, anstelle der tanh-Funktion eine Wurzel-Funktion zur Annäherung verwendet. Die Vorteile der tanh-Funktion gegenüber der Wurzel-Funktion sind, dass sie einem Maximum a zustrebt und im Bereich negativer Argumente definiert ist. Die Koeffizienten a und b sind ein Maß für das Maximum und die Steigung und lassen sich daher aufgrund der oben aufgestellten Beobachtungen durch eine monotone Funktion von (μ/s) bestimmen. Bei der quantitativen Beschreibung des Rollwiderstandsbeiwert ρ fällt ebenfalls die Abhängigkeit zu (μ/s) auf. Je größer dessen Wert ist, desto kleiner der Rollwiderstand.

Die Parameter a, b und ρ geben eine Beschreibung des Reifen-Bodenkontakts. Da sie unabhängig von den Einstellungen des Traktors $\vec{u}_A$ sind, können sie als Situationsbeschreibung in $\vec{u}_S$ aufgenommen werden. a, b und ρ sind dabei eine noch zu bestimmende Funktion des Arguments (μ/s). Bei der Aufstellung des Modells wird ebenfalls die Tatsache genutzt, dass das Modell nur eine relativ grobe Abschätzung liefern muss. Die Feinabstimmung und die weitere Annäherung an das Optimum kann mittels Online-Lernfähigkeit vorgenommen werden.

Zur Bestimmung von (μ/s) aus einfach messbaren Eingangsgrößen $\vec{u}'_S$ müssen zunächst einige Vereinfachungen gemacht werden. Streng genommen ist (μ/s) für alle vier Reifen-Bodenkontakte einzeln zu bestimmen. Da dies messtechnisch nur mit erheblichem Aufwand verbunden ist, wird im Folgenden angenommen, dass an allen vier Reifen der gleiche „gemittelte" Boden vorliegt. Anstelle des reifenspezifischen Schlupfs wird zudem ein über die vier Reifen gemittelter Schlupf verwendet. In modernen Standardtraktoren ist die Information eines solchen gemittelten Schlupfwerts aus Kegelritzeldrehzahl und radarbasiertem Geschwindigkeitssensor vorhanden. Da ein gemittelter Schlupfwert angenommen wird, muss konsequenterweise ebenfalls ein gemittelter Umfangskraftbeiwert und folglich ein mittleres ρ angenommen werden.

Die Bestimmung des Quotienten (μ/s) erfolgt mit den gemachten Vereinfachungen aus dem 2. Newtonschen Axiom:

$$m \cdot \dot{v} = \sum_{i=1}^{4} F_{X,i} - F_{Zug}.$$ (6.2)

Es wird ein quasi-stationärer Zustand betrachtet, daraus folgt $\dot{v} = 0$. Die Gültigkeit eines quasi-stationäre Ansatzes für Traktoren kann dadurch begründet werden, dass das Verhältnis von Beschleunigungsphasen zu stationären Phasen im Betrieb sehr klein ist, sodass Beschleunigungsphasen kaum Einfluss auf die Laufzeit bezogene Zielfunktion haben [87]. Gleichung 6.2 lässt sich dadurch umformulieren zu:

$$F_{Zug} = \sum_{i=1}^{4} F_{Z,i} \cdot (\mu_i - \rho_i) = \sum_{i=1}^{n} F_{Z,i} \cdot \mu - F_{Z,ges} \cdot \rho.$$ (6.3)

In der letzten Umformung wird die Beobachtung aufgegriffen, dass ρ konstant und dadurch unabhängig von s ist. Es wird hier für die Berechnung von μ von einem mittleren $\rho = 0,1$ ausgegangen. Durch diese Maßnahme wird das Gleichungssystem auf eine Gleichung verkürzt, was die Berechnungszeit reduziert. Wie sich bei der späteren Validierung zeigen wird, hat der Fehler dieser Annahme eine geringe Auswirkung auf die Schätzung. Es ist $F_{Z,ges} = F_{Z,1} + F_{Z,2} + 2 \cdot F_{Z,3}$. Der letzte Summand beschreibt die gefederte starre Vorderachse. Hier stellt sich ein Gleichgewicht zwischen den Aufstandskräften an linkem und rechtem Vorderrad ein, sodass $F_{Z,3} = F_{Z,4}$ gilt.

Je nach Zustand der Allradkupplung AR sorgen entweder alle vier Reifen oder nur die beiden Hinterreifen für den Vortrieb:

$$AR = g \Rightarrow n = 4 : \sum_{i=1}^{4} F_{Z,i} = F_{Z,1} + F_{Z,2} + 2 \cdot F_{Z,3} \qquad (6.4)$$

$$AR = o \Rightarrow n = 2 : \sum_{i=1}^{2} F_{Z,i} = F_{Z,1} + F_{Z,1} \qquad (6.5)$$

So lautet die Gleichung zur Bestimmung des Umfangskraftbeiwerts:

$$\mu = \frac{F_{Zug} + F_{Z,ges} \cdot \rho}{\sum_{i=1}^{n} F_{Z,i}}. \qquad (6.6)$$

Die Ermittlung des Schlupfs s erfolgt aus der Drehzahl der Kegelritzelwelle und der realen Geschwindigkeit über Gleichung 5.1.

Aus dem so bestimmten Argument (μ/s) können nun empirische Funktionen für die Parameter a, b, und ρ anhand des dynamischen Simulationsmodells aus Kapitel 5.2 ermittelt werden. Dazu wurden Simulationen auf acht verschiedenen bekannten Böden durchgeführt, die nach dem validierten Modell aus Schreiber [87] parametriert wurden. Für die Böden wurde manuell durch überlagern dieser Kurven mit der Annäherung durch die tanh-Funktion die optimalen Parametern a_{opt}, b_{opt} und ρ_{opt} ermittelt. Danach wurden verschiedene Zugkräfte, vertikale Bodenstützkräfte, Zustände der Allradkupplung und Differenzialsperre, Lenkwinkel sowie Geschwindigkeiten vorgegeben und das Argument (μ/s) durch das Simulationsmodell wie oben beschrieben ermittelt. Bild 6.1 zeigt ein Ergebnis dieser Simulationen. Die Punkte stellen jeweils das Argument auf der Abszisse und die optimalen Parameter auf der Ordinate dar. Mittels Least-Square Schätzung über alle Simulationen wurden Ausgleichsgeraden, welche die gesuchte Funktion $(a,b,\rho) = f(\mu/s)$ darstellen, ermittelt.

Es zeigt sich, dass die Ausgleichsgerade für die Bestimmung von b sehr kleine Abweichungen besitzt, hingegen für a eine Abweichung von bis zu 10 % auftritt. Wegen der Bedeutung dieser beiden Parameter wirkt sich der Fehler von a erst nahe des Maximums von μ aus, sodass in den meisten

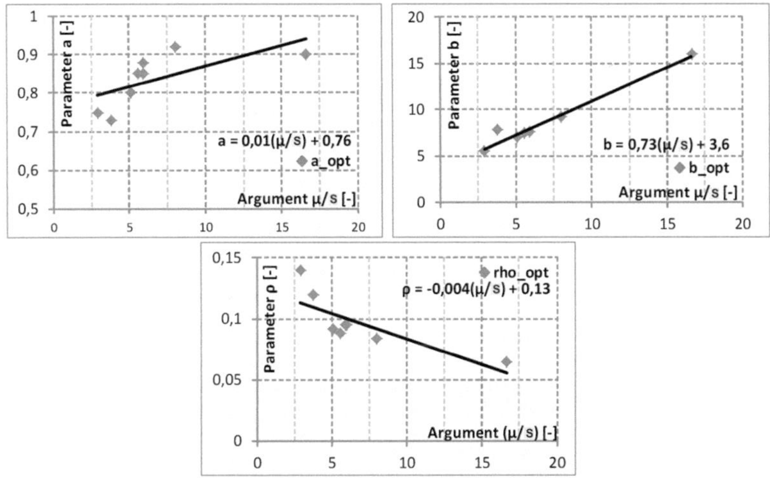

Bild 6.1: Ergebnisse der empirischen Ermittlung der Reifen-Bodenparameter

Fahrsituationen durch die gute Übereinstimmung von *b* mit einer ausreichend genauen Approximation gerechnet werden kann. Diese Aussage bestätigen die Ergebnisse im folgenden Kapitel.

Ergebnisse des Reifen-Bodenmodells

Ergebnisse aus dem Reifen-Bodenmodell wurden anhand eines in Bild 6.2 gezeigten synthetischen Zyklus und des dynamischen Simulationsmodells aus Kapitel 5.2 erzeugt. Da hier das Reifen-Bodenmodell validiert werden soll, sind weitere Verbraucher des Traktors unbelastet.

Der dargestellte Zyklus wurde bei der Validierung des Reifen-Bodenmodells für acht verschiedene Böden angewandt. Wenngleich unterschiedliche Kombinationen getestet und validiert wurden, sind die Einstellungen für die hier gezeigten Ergebnisse exemplarisch wie folgt belegt: Differentialsperre *DS* geschlossen, Gruppenschaltung *GS* „Acker", Allradkupplung *AR* geschlossen, Geradeausfahrt. Ergebnisse für drei exemplarische Böden und

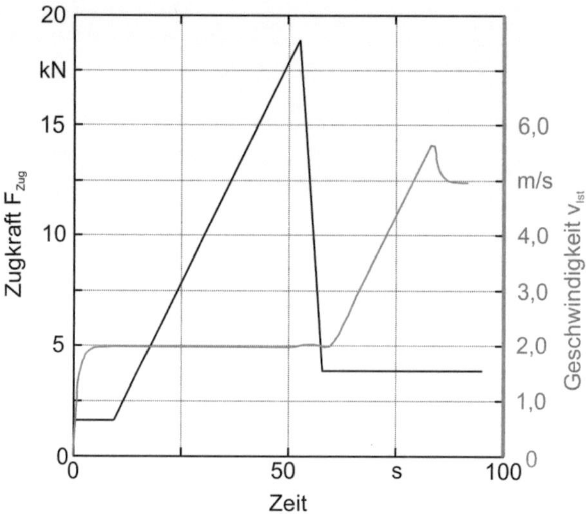

Bild 6.2: Synthetischer Zyklus zur Ermittlung der Ergebnisse aus dem Reifen-
 Bodenmodell

der Vergleich mit dem validierten Referenzmodell von Schreiber [87] sind
in Bild 6.3 dargestellt.

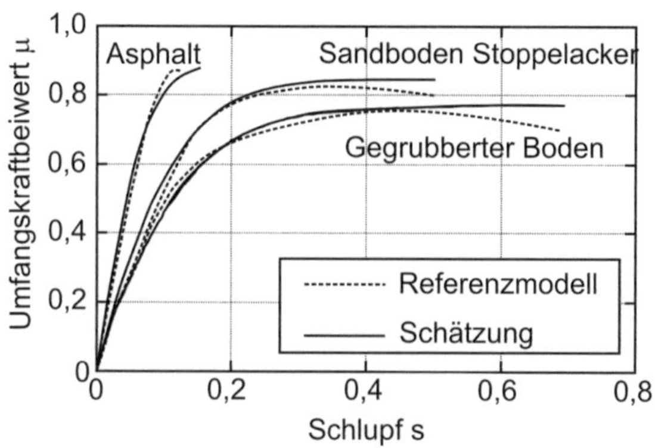

Bild 6.3: Ergebnisse des Reifen-Bodenmodells

Es zeigt sich, dass die Modelle eine sehr gute Übereinstimmung insbesondere im Gradienten bei kleinen bis mittleren Schlupfwerten haben. Hier befinden sich die Hauptarbeitsbereiche, sodass die aufgestellten Modelle in der meisten Zeit gute Ergebnisse bei einer relativen Abweichung kleiner als 5 % liefern. Nicht dargestellte Untersuchungen zur Schätzung des Rollwiderstandsbeiwerts ρ liefern ähnlich gute Ergebnisse.

Zusammenfassend für dieses Kapitel lassen sich die folgenden Vektoren $\vec{u}'_S$ und $\vec{u}_S$ benennen:

$$\vec{u}'_S = \begin{pmatrix} F_{Zug} \\ M_{ZW} \\ p_{AH} \\ s \\ F_{Z,1} \\ F_{Z,2} \\ F_{Z,3} \\ AR \\ \varphi \end{pmatrix} \quad ; \quad \vec{u}_S = \begin{pmatrix} F_{Zug} \\ M_{ZW} \\ p_{AH} \\ a \\ b \\ \rho \\ F_{Z,1} \\ F_{Z,2} \\ F_{Z,3} \\ \varphi \end{pmatrix}$$

6.2 Controllermodell

Das Simulationsmodell des Traktors im Controller ist eine der zentralen Komponenten zur Umsetzung der offline-Lernfähigkeit, da es die Erfüllung der Zielfunktion zu generierten Aktionen $\vec{u}'_A$ unter Situation $\vec{u}_S$ ermittelt. Aufgrund dieser besonderen Verwendung liegen die Anforderungen darin, dass das Modell ebenso wie das dynamische Modell alle für die Zielfunktion wesentlichen Einflüsse abbilden muss. Daraus entsteht ein Spannungsfeld, denn zum Einen ist für die realitätsnahe Abbildung ein komplexes Modell notwendig, zum Anderen muss das Modell mit Blick auf die Umsetzung in die reale Maschine in ein Steuergerät mit begrenzter Rechenleistung integriert werden. Der daraus resultierende Konflikt liegt nun in der Anforderung, dass in möglichst kurzer Zeit eine Vielzahl verschiedener Einstellungen $\vec{u}_A'$ simuliert werden müssen. Diesen Konflikt entschärft die Tatsache, dass eine relativ geringe Genauigkeit gefordert wird. Letztendlich müssen die Ergebnisse nur qualitative Aussagen darüber geben, ob eine Änderung der Eingangsgröße $\vec{u}_A'$ zu einer Verbesserung oder Verschlechterung der Zielfunktion führt. Auch können die gefundenen optimierten Lösungen $\vec{u}_A^*$ im online-Lernen auf ihre tatsächliche Tauglichkeit hin bewertet werden. Zugunsten der Rechenzeit wird ebenso wie im Falle der Situationsschätzer ein quasi-stationäres, eindimensionales Modell mit konzentrierten Parametern gewählt. Simulationsumgebung ist *Matlab/Simulink*.

Das hier zum Einsatz kommende Simulationsmodell ist als Black-Box Modell in Bild 6.4 dargestellt. Dementsprechend wird das Modell über die Situationsbeschreibung $\vec{u}_S$ parametriert, sodass in Kombination mit der aus dem Evolutionären Algorithmus stammenden Aktion $\vec{u}_A'$ tatsächlich auftretende Belastungen des Antriebsstrangs berechnet und die gesuchte Zielfunktion J ermittelt werden können.

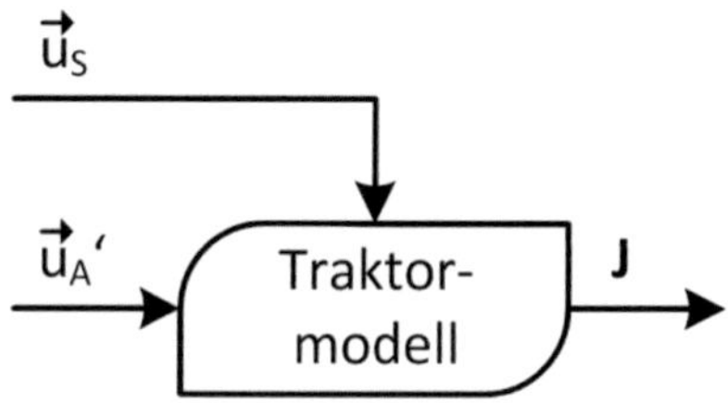

Bild 6.4: Das Simulationsmodell als Black-Box

$\vec{u}_A'$ beschreibt die Eingänge in das System. Da sie frei wählbar sind, können sie als Freiheitsgrade des Systems bezeichnet werden. Aus Bild 4.4 auf Seite 74 lassen sich dessen Einträge bestimmen:

$$\vec{u}'_A = \begin{pmatrix} n_{VKM,Soll} \\ DS \\ AR \\ GS \\ v_{Soll} \\ ue_{ZW} \\ Q_{AH,Soll} \\ Drueck \end{pmatrix}$$

6.2.1 Aufbau des Controllermodells

Das quasi-stationäre Controllermodell lässt sich mit den physikalischen Modellen des Antriebsstrangs und den Verlustmodellen aus Kapitel 5.2, sowie einem auf dem Gleichungssystem aus Tabelle 5.2 basierenden Modell des Abtriebs aufbauen. Da der quasi-stationäre Zustand abgebildet wird, werden Kennfelder bspw. des Getriebes, die aus dem eingeschwungenen Zustand des dynamischen Modells entwickelt wurden, eingesetzt.

Eine wesentliche Schwierigkeit beim Aufbau eines quasi-stationären Modells des Traktor-Antriebsstrangs besteht allerdings im korrekten Abbilden der dynamischen Zustandswechsel zwischen Geschwindigkeitsregelung, Drückung und Leistungsregelung. Das Modell muss dabei erkennen, in welchem quasi-stationären Zustand sich der Traktor bei anliegendem $\vec{u}_S$ und $\vec{u}'_A$ befindet. In Drückung und Leistungsregelung sind dabei die in $\vec{u}'_A$ vorgegebenen Sollgeschwindigkeiten v_{soll} und $n_{VKM,soll}$ ungleich der tatsächlichen Geschwindigkeiten v_{Ist} und $n_{VKM,Ist}$. Dadurch ändern sich die Belastungen der Schnittstelle und die Leistungsflüsse des Antriebsstrangs. Ebenfalls berücksichtigt werden muss, dass die aus Evolutionärem Algorithmus stammenden Aktionen $\vec{u}'_A$ teilweise unvernünftig sind. Das Modell muss daher über Grenzbereiche hinaus definiert sein, die im realen Anwendungsfall nicht auftreten, sodass solche Einstellungen nicht zum Abbruch der Simulation führen.

Das in Bild 6.5 in Form eines Programmablaufplans gezeigte Modell trägt diesen Umständen Rechnung. Nach Einlesen von $\vec{u}_S$ und $\vec{u}'_A$ (vgl. Bild 4.5 auf Seite 75) errechnet *Modell_1 (Geschwindigkeitsregelung)* zur vorgegebenen Solldrehzahl der Energiequelle $n_{VKM,Ist} = n_{VKM,Soll}$ und Sollgeschwindigkeit $v_{Ist} = v_{Soll}$ das hierfür notwendige erforderliche Drehmoment der VKM M_{VKM}. Ein Vergleich durch das aus der Volllastkennlinie der VKM ermittelbare maximale Drehmoment $M_{VKM,max} = f(n_{VKM,Soll})$ in Modell_1 zeigt, ob die VKM die geforderte Leistung erbringt. Falls ja, dann wird der aus Modell_1 errechnete Wert der Zielfunktion $J = J_{Geschw.-reg.}$ ausgegeben. Falls nicht, wird eine Fallunterscheidung aktiviert.

Die Fallunterscheidung resultiert aus der für Traktoren üblichen Überleistung bei Drehzahldrückung der VKM. Liegt die Solldrehzahl der VKM im Muscheldiagramm rechts von der Maximalleistung, so kann es aufgrund der Überleistung sein, dass der Motor die geforderte Sollgeschwindigkeit v_{Soll} durch diese Überleistung aufrecht erhalten kann. In Fallunterscheidung wird das notwendige Drehmoment M_{VKM} bei der Drehzahl n_{Krit} errechnet, bei der die VKM die maximale Leistung besitzt. Im Falle des Fendt 412 Vario ist $n_{Krit} = 1900 U/min$. Ist hier die Bedingung $M_{VKM} \leq M_{VKM,max}(n_{Krit})$ erfüllt, so wird *Modell_3* aktiviert, andernfalls *Modell_2*. In Modell_3 wird die Istdrehzahl der VKM $n_{VKM,Ist}$ errechnet, die unter der Voraussetzung des Betriebs auf der Volllastkennlinie notwendig ist, um die geforderte Sollgeschwindigkeit v_{Soll} zu halten. Liegen hier mehrere Lösungen vor, so wird diejenige Drehzahl genommen, die kleiner $n_{VKM,Soll}$ und ihr am nächsten ist. Die zugehörige Zielfunktion $J = J_{Drückung}$ wird ebenfalls ausgegeben. Modell_2 errechnet die Zielfunktion bei bis zur maximalen Drückungsdrehzahl gedrückten VKM und aktiver Leistungsregelung.

Die Grundlage zur Berechnung der Arbeitsbelastungen $\vec{AB}$, bestehend aus F_{Zug}, M_{ZW} und p_{AH}, durch das in Modell_2 und Modell_3 hinterlegte Gerätemodell aus Kapitel 6.1.1 sind bis dato aufgrund der Annahme getroffen, dass die Sollbetriebsparameter gleich der Istbetriebsparameter sind. Da dies in beiden Fällen nicht unbedingt zutreffend ist, muss eine Schleife

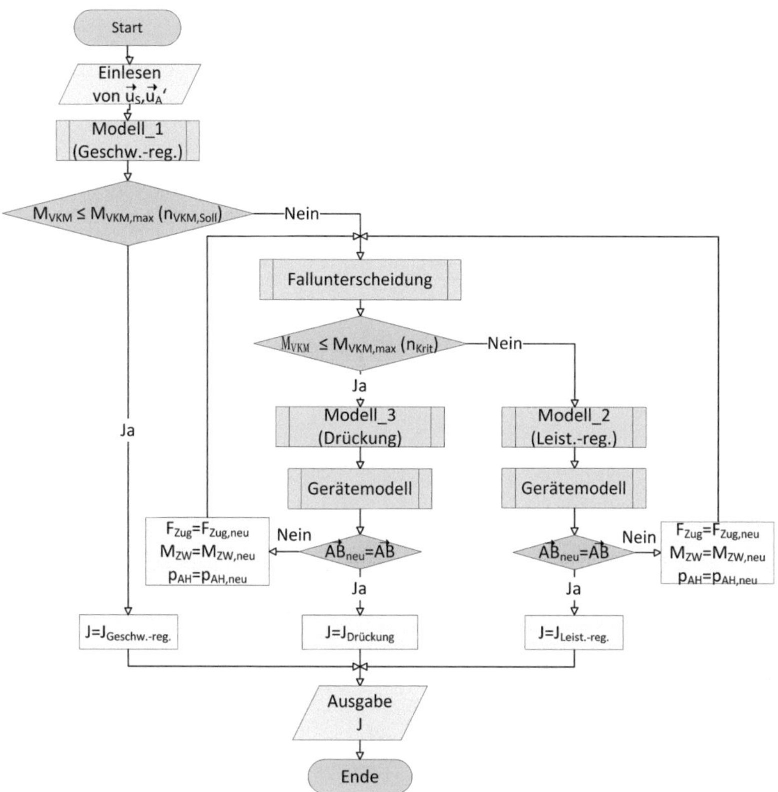

Bild 6.5: Programmablaufplan des stationären Traktormodells im Controller

eingeführt werden, in der die auf Basis der errechneten neuen Geschwindigkeiten neue Arbeitsbelastungen $\vec{AB}_{neu}$ mit den für die Berechnung zugrunde gelegten Arbeitsbelastungen $\vec{AB}$ abgeglichen werden. Am Ende der Berechnungen erfolgt die Ausgabe der Zielfunktion.

6.2.2 Ergebnisse der Simulation

In diesem Kapitel werden die Ergebnisse des stationären Traktormodells vorgestellt und mit den Ergebnissen des dynamischen Modells verglichen.

Exemplarisch dient dazu der DLG-PowerMix Z7 (Pressen) als Belastungs-
zyklus. Dabei wird Ballenpressen bei einer Motorauslastung von 100 % simuliert. Grund für die Auswahl dieses Zyklus ist, dass dabei alle Verbraucher aktiv sind. Die Einträge im Aktionsvektor lauten:

$$\vec{u}'_A = \begin{pmatrix} n_{VKM,Soll} \\ DS \\ AR \\ GS \\ v_{Soll} \\ ue_{ZW} \\ Q_{AH,Soll} \\ Drueck \end{pmatrix} = \begin{pmatrix} 2100 \\ o \\ g \\ Ack \\ 2 \\ 1000 \\ 80 \\ 0,2 \end{pmatrix}$$

Der Lenkwinkel ist Null, als Boden wird Stoppelacker simuliert. Die Verläufe der Belastungen F_{Zug}, M_{ZW} und p_{PR} aus dem PowerMix zeigt Bild
6.6.

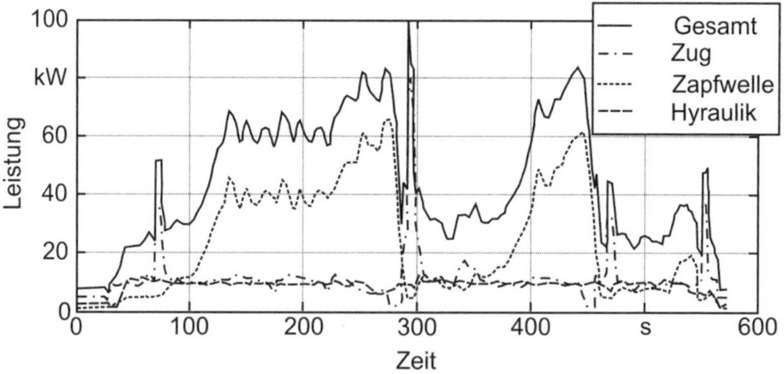

Bild 6.6: Der DLG PowerMix Z7 Pressen

Mittels Situationsbeschreibung aus Kapitel 6.1 wird der Vektor $\vec{u}_S$ aus den
Simulationsdaten $\vec{u}'_S$ des dynamischen Modells bestimmt. Ein Clustering

wird nicht angewandt. Gemeinsam mit oben spezifizierter Aktion $\vec{u}_A'$ wird mit einer Schrittweite von 1s die Zielfunktion aus dem quasi-stationären Modell bestimmt. In diesem Fall ist die Zielfunktion der Wirkungsgrad η. In Bild 6.7 werden die aus dynamischem und quasi-stationärem Modell ermittelten Zielfunktionen miteinander verglichen. Hier zeigt sich eine besonders gute Übereinstimmung beider Modelle mit einer über die meiste Zeit gesehenen relativen maximalen Abweichung von unter 1 %. Diese besonders gute Übereinstimmung ist darauf zurückzuführen, dass die in beiden Modellen hinterlegten Teilmodelle die gleichen stationären Endwerte besitzen und im dynamischen Modell keine hohen Beschleunigungen und Verzögerungen auftreten. Im Falle von signifikanten Beschleunigungen des Traktors werden die Unterschiede aufgrund der unterschiedlichen Betrachtungsweisen sichtbar. Versuche anhand anderer Zyklen, die diese Beschleunigungsanteile enthalten, bestätigen diese Aussagen.

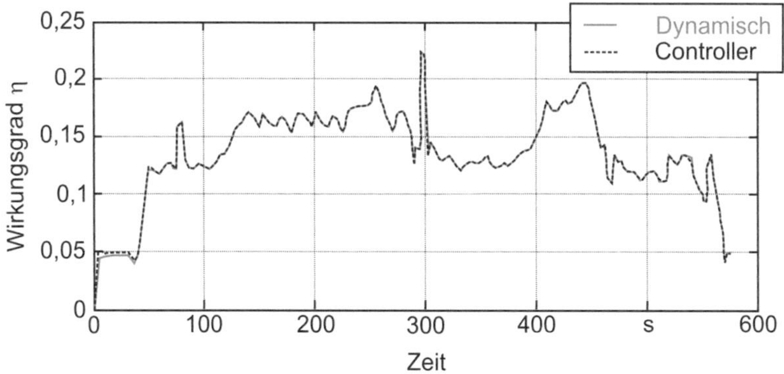

Bild 6.7: Vergleich zwischen dynamischer und quasi-stationärer Simulation

Das quasi-stationäre Modell benötigt zur Berechnung dieser 578 Stützstellen auf einem windowsbasierten 1,3 GHz Prozessor etwa 30 s, was einer durchschnittlichen Rechenzeit von etwa 0,05 s pro Rechnung entspricht. Für die Berechnung optimierter Aktionen $\vec{u}_A^*$ werden in der aktuellen Implementierung durch den evolutionären Ansatz etwa 10^4 Berechnungen der

Zielfunktion pro Situation erforderlich. Die gesamte Rechenzeit des Controllermodells liegt hier bei kleiner neun Minuten.

Zusammenfassend zeigt sich, dass das Controllermodell in Fällen kleiner Beschleunigungen die richtigen Ergebnisse bei kurzer Rechenzeit liefert, sodass die beschriebenen Anforderungen an das Modell als erfüllt bezeichnet werden können.

7 Ergebnisse und Diskussion

Dieses Kapital hat das Ziel, die Fragestellung zu beantworten, ob und wann der Einsatz der O/C-Architektur sinnvoll zur Steuerung von Traktoren als Vertreter der Klasse der mobilen Arbeitsmaschinen ist. Es geht dabei um eine prinzipielle Betrachtung der Fragestellung, dessen Antworten Grundlage für anschließende Arbeiten bilden können. Hier wird auf die Arbeiten am AIFB von Micaela Wünsche verwiesen.

7.1 Grundlegende Ergebnisse

Für eine erste grundlegende Verifikation, in der der Optimierungsprozess durch die O/C-Architektur analysiert und auf eine prinzipielle Tauglichkeit im Kontext mobiler Arbeitsmaschinen untersucht wird, werden synthetische Zyklen generiert. Dabei werden zwei Feldarbeiten des Traktors, Grubbern und Kreiseleggen, simuliert. Die Felder sind in beiden Fällen 400 m lang, es wird eine Überfahrt betrachtet. In der Mitte des Feldes bei 200 m findet ein Lastsprung an den Verbrauchern statt, welches etwa einen schwereren Boden darstellt. Um störende Einflüsse für diese grundlegende Verifikation auszuschließen, sind die Belastungen ideal homogen. Bild 7.1 zeigt die Zugbelastung über der Feldlänge beim Grubbern, Bild 7.2 zeigt die Zug- und Zapfwellenbelastung über der Feldlänge beim Kreiseleggen. In beiden Fällen sind der Lenkwinkel und die Hangneigung stets Null, die Reifenaufstandskräfte konstant und keine weiteren Verbraucher belastet. Beim Grubbern liegt Tonboden Stoppelacker vor, beim Kreiseleggen Sandboden.

Ein Fokus der Betrachtungen liegt in der Beantwortung der Fragestellung, inwieweit die O/C-Architektur die optimierten Aktionen findet. Ziel-

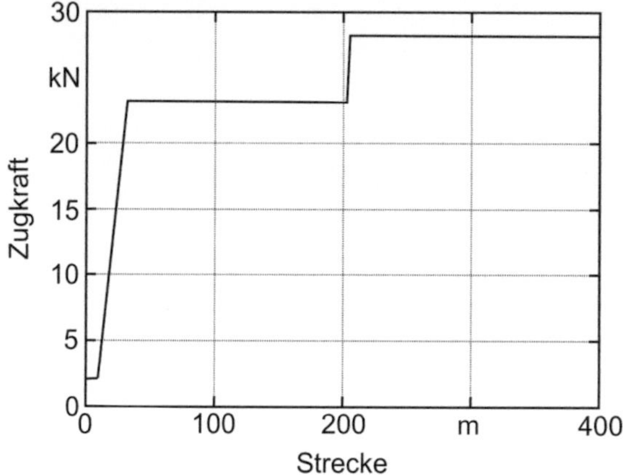

Bild 7.1: Zugbelastung beim synthetischen Grubbern-Zyklus

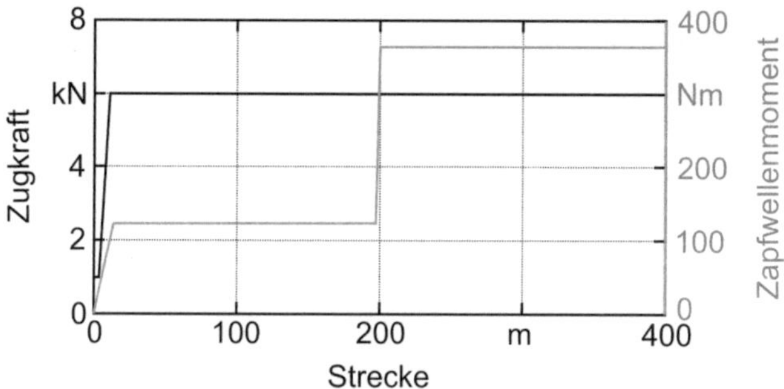

Bild 7.2: Zug- und Zapfwellenbelastung beim synthetischen Kreiseleggen-Zyklus

funktion ist der Wirkungsgrad als Quotient von Ausgangsleistung zum Anbaugerät und Eingangsleistung in Form des Heizwerts des Kraftstoffmassestroms. Dazu werden diejenigen mittels Evolutionärem Algorithmus generierte mögliche Aktionen $\vec{u}'_A$ anhand des Controllermodells auf Zielerfüllung untersucht.

Als Situationsbeschreibung des Anbaugeräts wird das Modell mit stationären Belastungen verwendet, wohingegen das dynamische Modell des SuOC über die Betriebsparameter variierenden Belastungen des Anbaugeräts simuliert. Demzufolge gelten die Verläufe aus den Bildern 7.1 und 7.2 lediglich für die konventionellen, später noch zu spezifizierenden Vorgaben. Neben der verkürzten Rechendauer des Situationsschätzers hat die Verwendung des stationären Schätzers den Vorteil, dass durch die resultierenden Modellabweichungen zwischen SuOC und Situationsschätzer ein realitätsnäheres Verhalten vorliegt.

Die Situationsbeschreibung lautet gemäß Kapitel 6.1 aus Seite 103 wie folgt:

$$\vec{u}_S = \begin{pmatrix} F_{Zug} \\ M_{ZW} \\ p_{AH} \\ a \\ b \\ \rho \\ F_{Z,1} \\ F_{Z,2} \\ F_{Z,3} \\ \varphi \end{pmatrix}$$

Um sich dem realen Einsatzfall weiter anzupassen, werden einige Restriktionen gesetzt. Der Lösungsraum der optimierten Aktionen muss mit Blick auf das Arbeitsergebnis eingeschränkt werden. Die erlaubten Fahrgeschwindigkeiten liegen exemplarisch zwischen $1\,m/s$ und $6\,m/s$. Bei Zapfwellenarbeiten muss eine konstante Zapfwellendrehzahl realisiert werden, mögliche Einstellungspaarungen sind hier $n_{VKM,Soll} = 2100$ und $ue_{ZW} = 540$ oder $n_{VKM,Soll} = 1800$ und $ue_{ZW} = 540e$. Gleichzeitig muss $Drueck = 0,1$ gesetzt werden. Bei den Simulationen zeigte sich ferner, dass das Adaptation Modul optimierte Einstellungen findet, bei denen die VKM unterhalb der Drehzahl des maximalen Moments gedrückt wird. Der Getrieberegler im Modell des SuOC ist zwar derart dynamisch, dass er den Motorzustand stabil anführt, in der Realität würde der Motor dabei allerdings abgewürgt. Um dies zu berücksichtigen, wird im Controllermodell der Wirkungsgrad

$\eta = 0$ ausgegeben, wenn sich ein Motorzustand $n_{VKM,ist} < 1450$ auf der Volllastkennlinie einstellt. Bei dieser Drehzahl ist somit eine genügend große Reserve zur Drehzahl des maximalen Moments gewährleistet.

Es wird angenommen, dass die auftretenden Belastungen aus Bild 7.1 und 7.2 gemeinsam mit den restlichen situationsbeschreibenden Größen aus vergangenen Überfahrten hinreichend oft wiedergekehrt sind, sodass ausreichend häufige Gelegenheiten gegeben sind, alle aus dem Adaptation Modul stammenden optimierten Aktionen $\vec{u}_A^*$ anhand des SuOC zu evaluieren. Insgesamt werden so sieben $\vec{u}_A^*$ bewertet. Mit anderen Worten wird somit ein lebenslanges Lernen der O/C-Architektur simuliert.

7.1.1 Synthetischer Grubbern-Zyklus

Nach einem Anfahrvorgang im synthetischen Grubbern-Zyklus aus Bild 7.1 erkennt das Clustering zwei unterschiedliche Situationen, welche sich in der Zugkraft (1. Wert des Vektors) unterscheiden:

$$\vec{u}_{S,1} = \begin{pmatrix} 23 \\ 0 \\ 0 \\ 0,83 \\ 7,4 \\ 0,1 \\ 16,2 \\ 16,2 \\ 10,8 \\ 0 \end{pmatrix} ; \ \vec{u}_{S,2} = \begin{pmatrix} 28 \\ 0 \\ 0 \\ 0,83 \\ 7,4 \\ 0,1 \\ 16,2 \\ 16,2 \\ 10,8 \\ 0 \end{pmatrix}$$

Die aus der Kombination mit der konventionellen Aktion $\vec{u}_{A,konv}$ resultierenden Belastungen liegen bezogen auf die installierte Motorleistung in einem mittleren bis oberen Drittel.

Die aus dem Adaptation-Modul stammenden besten sieben Aktionen $\vec{u}^{\,*}_{A,1\ldots7}$ samt aus dem Controllermodell ermittelten Wirkungsgrad η^* und aus dem SuOC stammenden η_{real} sind in Tabelle 7.1 für Situation $\vec{u}_{S,1}$ und in Tabelle 7.2 für Situation $\vec{u}_{S,2}$ gegenübergestellt. Zusätzlich ist die konventionelle Aktion $\vec{u}_{A,konv}$ gezeigt.

Tabelle 7.1: Konventionelle und optimierte Aktionen in $\vec{u}_{S,1}$ für den Grubbern-Zyklus

$\vec{u}_A$	$\vec{u}_{A,konv}$	$\vec{u}^{\,*}_{A,1}$	$\vec{u}^{\,*}_{A,2}$	$\vec{u}^{\,*}_{A,3}$	$\vec{u}^{\,*}_{A,4}$	$\vec{u}^{\,*}_{A,5}$	$\vec{u}^{\,*}_{A,6}$	$\vec{u}^{\,*}_{A,7}$
$n_{VKM,Soll}$	2100	2100	1794	2046	2100	1776	1803	1794
DS	g	g	g	o	g	o	g	o
AR	g	g	g	g	g	g	g	g
GS	Ack	Ack	Str	Str	Ack	Ack	Str	Ack
v_{Soll}	2	3,91	1,99	2,63	5	1,74	1,97	1,92
ue_{ZW}	0	0	0	0	0	0	0	0
Q_{AHSoll}	0	0	0	0	0	0	0	0
$Drueck$	0,1	0,19	0,27	0,14	0,15	0,21	0,2	0,11
η^*	-	23,9	24,2	24,7	24,6	22,8	24,0	23,9
η_{real}	**22,3**	**26,5**	**25,4**	**24,5**	**26,4**	**24,2**	**25,2**	**25,1**

Tabelle 7.2: Konventionelle und optimierte Aktionen in $\vec{u}_{S,2}$ für den Grubbern-Zyklus

$\vec{u}_A$	$\vec{u}_{A,konv}$	$\vec{u}^{\,*}_{A,1}$	$\vec{u}^{\,*}_{A,2}$	$\vec{u}^{\,*}_{A,3}$	$\vec{u}^{\,*}_{A,4}$	$\vec{u}^{\,*}_{A,5}$	$\vec{u}^{\,*}_{A,6}$	$\vec{u}^{\,*}_{A,7}$
$n_{VKM,Soll}$	2100	1794	1740	1749	1749	1830	1731	1704
DS	g	g	g	o	o	g	o	g
AR	g	g	g	g	g	g	g	g
GS	Ack	Ack	Ack	Ack	Ack	Ack	Ack	Ack
v_{Soll}	2	1,64	1,41	1,50	1,59	1,59	1,50	1,36
ue_{ZW}	0	0	0	0	0	0	0	0
$Q_{AH,Soll}$	0	0	0	0	0	0	0	0
$Drueck$	0,1	0,29	0,19	0,3	0,12	0,24	0,11	0,22
η^*	-	24,0	22,7	23,4	23,9	23,1	23,5	22,6
η_{real}	**23,7**	**25,4**	**24,3**	**24,9**	**25,5**	**24,6**	**25,1**	**24,3**

Aus der Gegenüberstellung ergibt sich, dass alle gefundenen optimierten Einstellungen in der Anwendung auf das SuOC besser als die konventionellen Einstellungen sind. Aufgrund der Modellvereinfachungen ist $\eta_{real} \neq \eta^*$. Der relative Fehler liegt bei maximal 10 %. Es zeigt sich daraus weiter, dass die beste Regel aus dem Adaptation Modul, $\vec{u}^*_{A,3}$ in Situation $\vec{u}_{S,1}$ und $\vec{u}^*_{A,1}$ in Situation $\vec{u}_{S,2}$, nicht die beste Regel in der realen Anwendung ist.

Mit dieser Kenntnis werden in der aktuellen Feldüberfahrt die in der jeweiligen Situation anhand η_{real} ermittelte beste Aktion, $\vec{u}^*_{A,1}$ in Situation $\vec{u}_{S,1}$ und $\vec{u}^*_{A,4}$ in Situation $\vec{u}_{S,2}$, gewählt. Den Verlauf des Wirkungsgrads über der Zeit im Vergleich zur konventionellen Einstellung zeigt Bild 7.3. In Situation 1 liegt die relative Verbesserung im stationären Endwert bei 18,9 %, in Situation 2 bei 7,7 %.

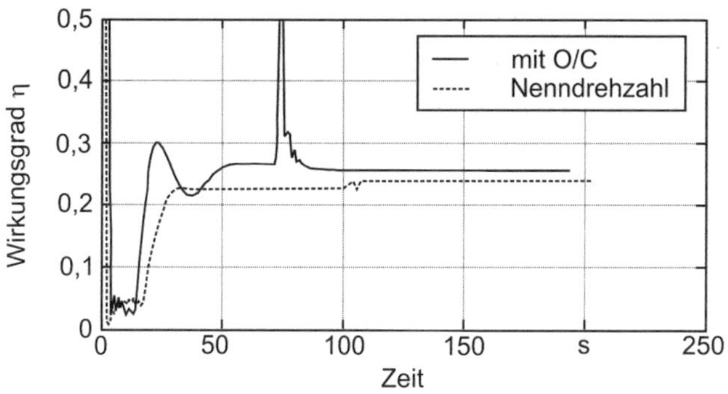

Bild 7.3: Vergleich der Wirkungsgrade beim Grubbern

Für die weiteren Untersuchungen werden die Sensitivitäten der Einzelverstellungen auf die Zielfunktion ermittelt. Zu deren Ermittlung wird der synthetische Grubbern-Zyklus mit der Grundeinstellung $\vec{u}_{A,konv}$ und hintereinander einzeln kombiniert mit dem jeweils optimierten Eintrag im real gemessenen besten $\vec{u}^*_A$ simuliert. Die Einflüsse der Einzelverstellungen auf die Zielfunktion sind in Bild 7.4 dem Einfluss der Gesamtverstellung von $\vec{u}^*_A$ gegenüber gestellt. Da sich im Vergleich zu $\vec{u}_{A,konv}$ in Situation 1 nur v_{Soll} und *Drueck* ändern, können nur deren Sensitivitäten abgebildet werden. In Situation 2 sind die abweichenden Einträge der Aktion $n_{VKM,Soll}$, DS, v_{Soll} und *Drueck* simuliert.

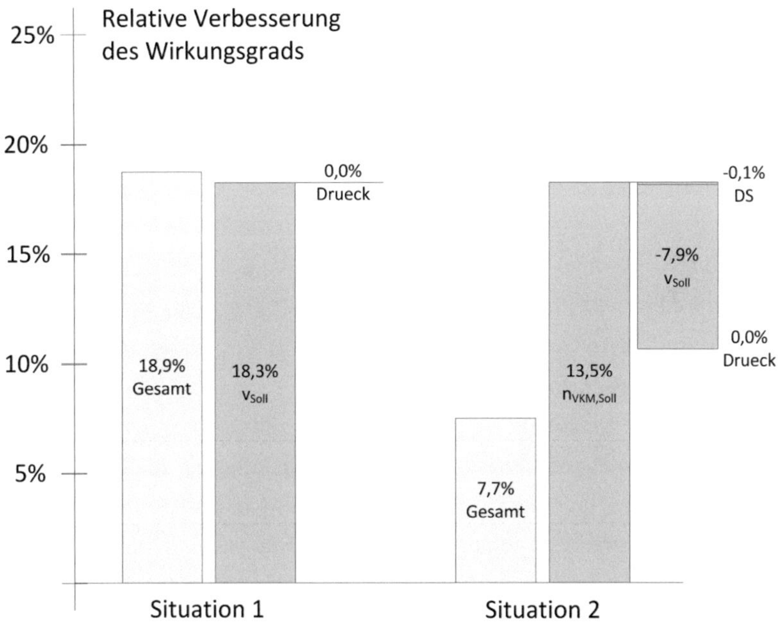

Bild 7.4: Sensitivitäten der Einzelverstellungen beim Grubbern

In Situation 1 zeigt sich der große Einfluss der Geschwindigkeit auf die Zielfunktion. Weiter fällt auf, dass die Summe der Einzelverstellungen kleiner der Gesamtverstellung ist. Begründet kann das dadurch werden, dass bei der optimierten Geschwindigkeit $v_{Soll} = 3,91$ der Traktor in Drückung gerät und durch die höhere Drückung $Drueck = 0,19$ der Antriebsstrang in einem wirkungsgradgünstigeren Bereich betrieben wird. Schlussfolgernd wird hier ein positiver emergenter Effekt beschrieben, der nicht aus der Summe der einzelnen (dezentralen) Verstellungen hervorgeht.

In Situation 2 zeigt sich ebenfalls der Effekt, dass die Summe der Einzelverstellungen ungleich der Gesamtverstellungen ist, was hier allerdings hauptsächlich den Nichtlinearitäten innerhalb des Systems zuzuschreiben ist. Dieser Fall deckt auf, dass durch die Einzelverstellung der Drehzahl auf $n_{VKM,Soll} = 1749$ ein besserer Wirkungsgrad erreicht werden kann als durch die Gesamtverstellung. Dies lässt sich darauf zurückführen, dass der Evolutionäre Algorithmus zwar eine gute Heuristik zur Annäherung an den optimalen Punkt darstellt, da er allerdings kein exaktes Optimierungsverfahren darstellt, keine Garantie gibt, diesen tatsächlich zu finden[1] [106]. Durch die Reduzierung der Sollgeschwindigkeit v_{Soll} sinkt die Ausgangsleistung und der Antriebsstrang gerät in einen schlechteren Wirkungsgrad. In beiden Situationen zeigt sich in diesem Zyklus ein verschwindender Einfluss der Differenzialsperre auf den Gesamtwirkungsgrad, was durch den gleiche Reifen-Bodenkontakt an rechtem und linkem Hinterrad und Geradeausfahrt begründet ist.

Nach diesen Betrachtungen ließe sich der Schluss ziehen, grundsätzlich zur Erhöhung des Wirkungsgrads in Motordrückung bei niedriger Drehzahl zu fahren. Bei dieser Behauptung wird angenommen, dass das Arbeitsgerät entsprechend dimensioniert ist und dass dies durch die Randbedingung eines zufriedenstellenden Arbeitsergebnisses möglich ist. In diesem Fall könnte man bei alleiniger Betrachtung des Wirkungsgrads anstelle der lernfähigen O/C-Architektur eine einfachere Steuerung verwenden. Die nicht immer gewährleisteten Prämissen, dass das Arbeitsgerät ausreichend dimensioniert ist, dass durch die Randbedingungen ein zufriedenstellendes Arbeitsergebnis möglich ist und die alleinige Betrachtung des Wirkungsgrads, rechtfertigen jedoch den Einsatz der O/C-Architektur.

Im praktischen Einsatzfall ist der Wirkungsgrad allerdings ein wenig nutzvolles Maß zur Beurteilung der Güte. Hier zählen vielmehr die Flächenleistung und der Kraftstoffverbrauch. Da durch den Wirkungsgrad gewissermaßen der Quotient aus Flächenleistung und Kraftstoffverbrauch gebildet wird, werden dadurch beide relevanten Größen erfasst. In Bild 7.5

---

[1]Maßnahmen zur Verbesserung des Algoritmus werden in den Arbeiten am AIFB von Micaela Wünsche vorgestellt

118

sind die Graphen der Kraftstoffverbräuche über der Zeit gezeigt. Zu sehen sind die Verläufe der optimierten Einstellungen, der konventionellen bei Nenndrehzahl, einer reduzierten Drehzahl bei $n_{VKM,Soll} = 1800$ sowie bei einer für Traktoren üblichen angepassten Drehzahl (ECO). Im ECO-Modus wird die Drehzahl der VKM in Abhängigkeit der Last M_{VKM} erhöht, um die VKM auf einer verbrauchsoptimierten Kennlinie zu betreiben. Die angepasste Drehzahl im Grubbern-Zyklus ist in Bild 7.6 dargestellt.

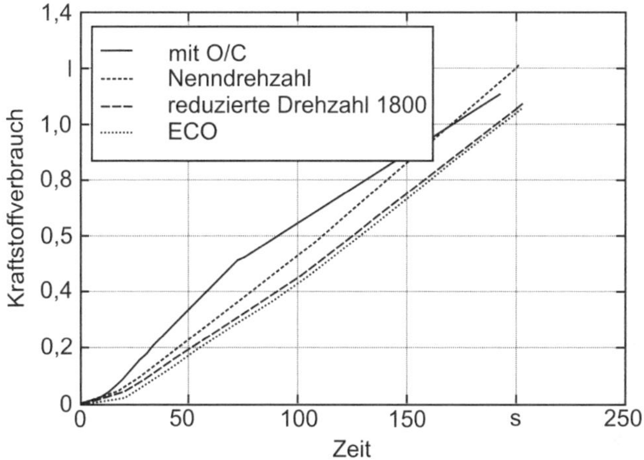

Bild 7.5: Vergleich der Kraftstoffverbräuche beim Grubbern

Der Vergleich der Kraftstoffverbräuche in Bild 7.5 zeigt ein Potenzial der O/C-Architektur von 10 % gegenüber konventioneller Einstellung. Gegenüber reduzierter und angepasster Drehzahl ist ein leicht erhöhter Kraftstoffverbrauch feststellbar, was auf das nicht ausgenutzte Potenzial in Situation 2 zurückzuführen ist. Allerdings erhöht die O/C-Architektur die Flächenleistung, da die durchgezogene Linie aus Bild 7.5 vor den anderen endet und der Traktor somit früher das Feldende erreicht.

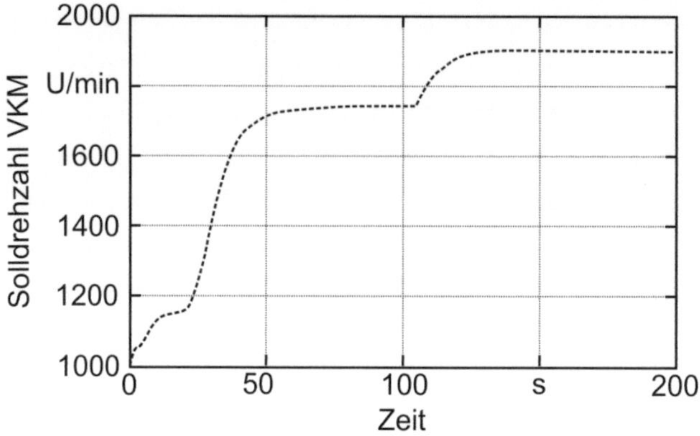

Bild 7.6: Angepasste Drehzahl (ECO) beim Grubbern

7.1.2 Synthetischer Kreiseleggen-Zyklus

Genau wie beim synthetischen Grubbern-Zyklus erkennt das Clustering auch beim Kreiseleggen-Zyklus in Bild 7.2 nach einem Anfahrvorgang zwei unterschiedlichen Situationen, welche sich im Zapfwellendrehmoment (2. Wert des Vektors) unterscheiden:

$$\vec{u}_{S,1} = \begin{pmatrix} 6 \\ 120 \\ 0 \\ 0,72 \\ 5,7 \\ 0,12 \\ 13 \\ 13 \\ 7,8 \\ 0 \end{pmatrix} \; ; \; \vec{u}_{S,2} = \begin{pmatrix} 6 \\ 360 \\ 0 \\ 0,72 \\ 5,7 \\ 0,12 \\ 13 \\ 13 \\ 7,8 \\ 0 \end{pmatrix}$$

Die aus der Kombination mit $\vec{u}_{A,konv}$ resultierenden Belastungen liegen bezogen auf die installierte Motorleistung in einem unteren bis mittleren Drittel. Analog zu Kapitel 7.1.1 sind der O/C-Architektur die beiden Situationen aus früheren Überfahrten bekannt, sodass die sieben besten Aktionen erlernt und anhand des SuOC evaluiert sind. Ergebnisse hieraus zeigen Tabelle 7.3 für Situation $\vec{u}_{S,1}$ und Tabelle 7.4 für Situation $\vec{u}_{S,2}$.

Tabelle 7.3: Konventionelle und optimierte Aktionen in $\vec{u}_{S,1}$ für den Kreiseleggen-Zyklus

$\vec{u}_A$	$\vec{u}_{A,konv}$	$\vec{u}^{\,*}_{A,1} \cdots \vec{u}^{\,*}_{A,6}$	$\vec{u}^{\,*}_{A,7}$
$n_{VKM,Soll}$	2100	1800	1800
DS	g	g	o
AR	g	o	o
GS	Ack	Ack	Ack
v_{Soll}	2	4,74	4,74
ue_{ZW}	540	540e	540e
$Q_{AH,Soll}$	0	0	0
$Drueck$	0,1	0,1	0,1
η^*	-	20,7	20,6
η_{real}	**13,2**	**26,2**	**26,2**

Tabelle 7.4: Konventionelle und optimierte Aktionen in $\vec{u}_{S,2}$ für den Kreiseleggen-Zyklus

$\vec{u}_A$	$\vec{u}_{A,konv}$	$\vec{u}^{\,*}_{A,1} \cdots \vec{u}^{\,*}_{A,3}$	$\vec{u}^{\,*}_{A,4} \cdots \vec{u}^{\,*}_{A,5}$	$\vec{u}^{\,*}_{A,6} \cdots \vec{u}^{\,*}_{A,7}$
$n_{VKM,Soll}$	2100	1800	1800	1800
DS	g	g	g	g
AR	g	o	o	o
GS	Ack	Str	Str	Str
v_{Soll}	2	2,53	2,58	2,63
ue_{ZW}	540	540e	540e	540e
$Q_{AH,Soll}$	0	0	0	0
$Drueck$	0,1	0,1	0,1	0,1
η^*	-	24,5	24,5	24,6
η_{real}	**19,2**	**25,5**	**25,7**	**25,9**

Anstelle jeweils sieben unterschiedlicher optimierter Aktionen $\vec{u}_A^*$ ermittelt das Adaptation Modul aufgrund der größeren Einschränkungen im Lösungsraum in $\vec{u}_{S,1}$ zwei und in $\vec{u}_{S,2}$ drei unterschiedliche Lösungen. Die hohe relative Abweichung der Wirkungsgrade η^* und η_{real} von etwa 20 % in $\vec{u}_{S,1}$ ist auf die unterschiedlichen Gerätemodelle zurückzuführen. Mit der Geschwindigkeit wächst im SuOC die Belastung F_{Zug} und M_{ZW}, wohingegen die Belastungen im Controllermodell konstant bleiben.

Der Verlauf des Wirkungsgrads bei angewandter bester Regel gemessen an η_{real} ($\vec{u}_{A,1...6}^*$ in $\vec{u}_{S,1}$ und $\vec{u}_{A,6...7}^*$ in $\vec{u}_{S,2}$) über der Zeit ist in Bild 7.7 dem Wirkungsgradverlauf mit konventionellen Einstellungen gegenüber gestellt. In Situation 1 liegt die Verbesserung im stationären Endwert bei 99%, in Situation 2 bei 35%.

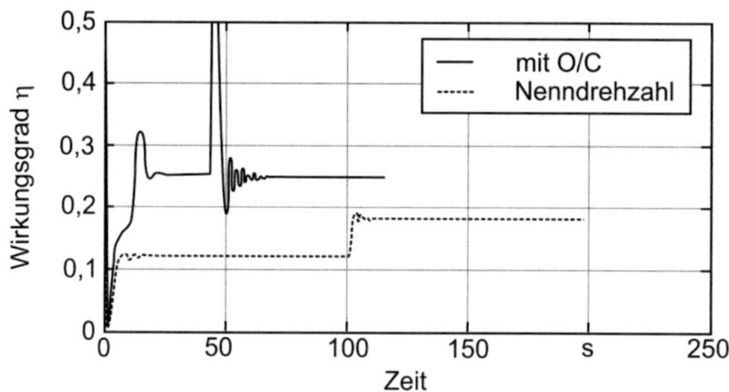

Bild 7.7: Vergleich der Wirkungsgrade beim Kreiseleggen

Die Sensitivitäten der Einzelverstellungen auf den Wirkungsgrad sind in Bild 7.8 gezeigt. Hier zeigt sich ebenfalls der Effekt, dass die Summe der Einzelverstellungen ungleich der Gesamtverstellung ist. Hierfür sind ebenfalls Nichtlinearitäten verantwortlich. Bemerkenswert ist der hohe Einfluss der Geschwindigkeit v_{Soll} in Situation 1. Durch ein Erhöhen der Geschwindigkeit erhöht sich ebenfalls das Zapfwellendrehmoment und die Zugkraft, was erheblichen Einfluss auf die Ausgangsleistung hat. Gleichzeitig wird der Antriebsstrang im wirkungsgradgünstigeren Bereich betrieben. Die Einflüsse von AR und GS sind in diesem Zyklus vernachlässigbar.

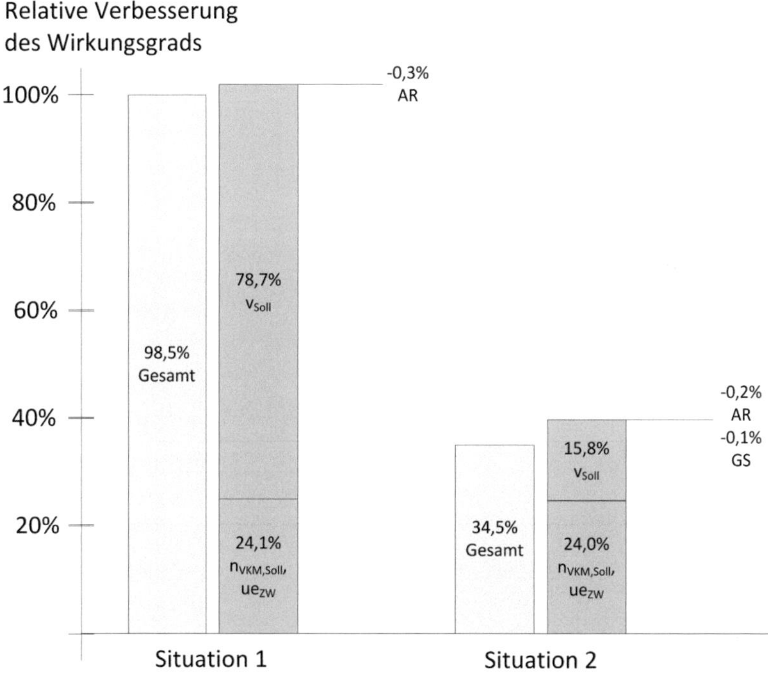

Bild 7.8: Sensitivitäten der Einzelverstellungen beim Kreiseleggen

Der für den praktischen Fall relevante Vergleich der Kraftstoffverbräuche über der Zeit ist in Bild 7.9 gezeigt. Der Kraftstoffverbrauch mit optimierten Aktionen wird dem mit konventionellen Einstellungen bei Nenndrehzahl und reduzierter Drehzahl bei gleichzeitiger Sparzapfwelle gegenübergestellt. Das erhebliche Potenzial der optimierten Aktionen gegenüber konventionellen Einstellungen bei Nenndrehzahl von 37% ist vorsichtig zu betrachten. Da der Traktor bei optimierten Einstellungen mit mehr als der doppelten Geschwindigkeit über das Feld fährt, ist auch die von der Zapfwelle an die Kreiselegge übertragene Energie pro Bodenfläche mehr als halbiert. Ob dies im Hinblick auf das Arbeitsergebnis ausreichend ist, muss individuell geklärt werden. Durch ein Absenken der maximal erlaubten Fahrgeschwindigkeit oder ein Erhöhen der Zapfwellendrehzahl mit der Geschwindigkeit kann diese Randbedingung berücksichtigt werden.

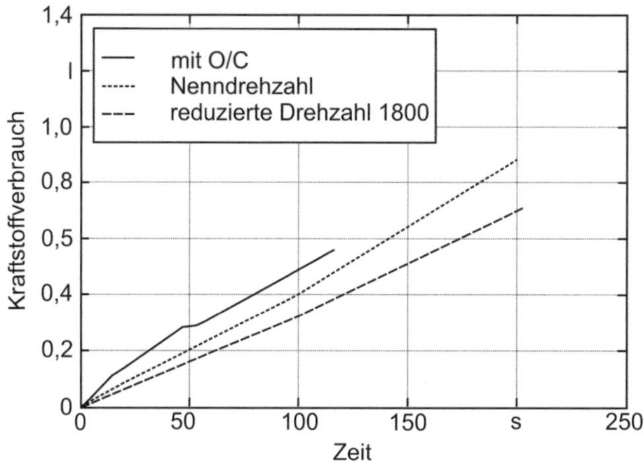

Bild 7.9: Vergleich der Kraftstoffverbräuche beim Kreiseleggen

7.1.3 Zusammenfassung

Die in den zurückliegenden Kapiteln entwickelte O/C-Architektur wurde in diesem Kapitel auf zwei synthetische Zyklen, einem Grubbern- und Kreiseleggen-Zyklus, angewandt. Beide Zyklen zeichnen sich durch eine homogene Belastungsvorgabe aus, um dadurch störende dynamische Effekte auszuklammern. Es wurde angenommen, das die Situation aus vergangenen Überfahrten hinreichend bekannt ist und dadurch lebenslanges Lernen simuliert ist. Unter Betrachtung der Zielfunktion Wirkungsgrad wurden situationsspezifische optimierte Einstellungen gefunden und der konventionellen gegenüber gestellt. Grundsätzlich konnten emergente Effekte identifiziert werden. Es zeigte sich allerdings auch, dass der Evolutionäre Algorithmus in seiner jetzigen Implementierung noch merkliches Potenzial zum Auffinden von optimierten Einstellungen besitzt.

Wie bereits angesprochen handelt es sich bei den synthetischen Zyklen um sehr homogene stationäre Belastungen, die in der Realität so nicht auftreten. Im Folgenden werden daher die real gemessenen PowerMix-Zyklen Z2-Pflügen und Z3-Mähen als Grundlage einer weiterführenden Analyse der Tauglichkeit der O/C-Architektur insbesondere im Hinblick auf die Dynamik herangezogen.

7.2 Ergebnisse anhand DLG-PowerMix Zyklen

In diesem Kapitel werden Ergebnisse vorgestellt, die anhand der DLG-PowerMix Zyklen Z2P (Pflügen) und Z3M (Mähen) gewonnen wurden. In Auszügen wurden die Ergebnisse bereits in Kautzmann et. al. ([49, 48]) veröffentlicht. Zielfunktion ist der Wirkungsgrad. Es wird in beiden Fällen das vereinfachte Gerätemodell im SuOC als auch im Situationsschätzer verwendet. Dadurch ergeben sich dieselben Einträge in $\vec{u}_S$ wie auf Seite 113 dargestellt.

7.2.1 Ergebnisse im Z2P-Zyklus

Der Zyklus Z2P beschreibt einen skalierbaren Pflügen-Zyklus bei etwa 60 % Motorauslastung. Der Zugkraftverlauf über der Zeit ist in Bild 7.10 gezeigt. Als Boden liegt Stoppelacker vor, die Radlasten sind stationär und der Lenkwinkel gleich Null. Da die Zugkraft in dieser Beschreibung die einzige Veränderliche in $\vec{u}_S$ darstellt, ergibt sich aus der Höhe der Zugkraft die Zuordnung zu Clustern, die ebenfalls in Bild 7.10 dargestellt sind.

Für diejenigen Cluster, die länger als 10 s stabil bleiben, werden nun vom Controller optimierte Aktionen gelernt. Die maximale Geschwindigkeit wird auf 4,2 m/s begrenzt. Dementsprechend werden für Cluster ID 2 und 3 optimierte Aktionen $\vec{u}_A^*$ gefunden. Tabelle 7.5 stellt die konventio-

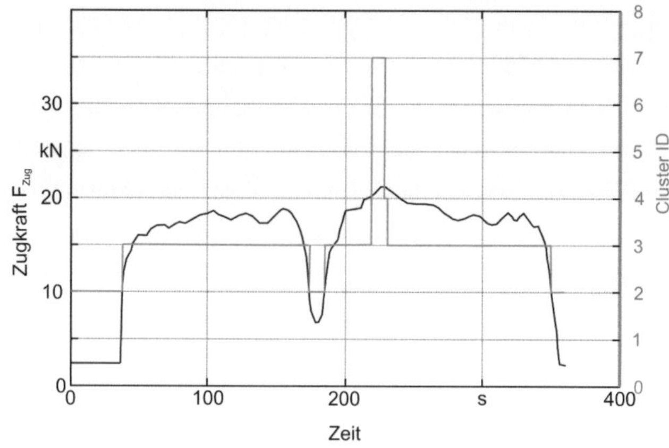

Bild 7.10: Clustererkennung im Zyklus Z2P

nelle Aktion $\vec{u}_{A,konv}$ der anhand des Controllermodells ermittelten besten Einstellung in Cluster ID 2 und 3 gegenüber.

Tabelle 7.5: Erlernte Aktionen für Cluster ID 2 und 3

$\vec{u}_A$	$\vec{u}_{A,konv}$	$\vec{u}_{A,ID2}$	$\vec{u}_{A,ID3}$
$n_{VKM,Soll}$	2100	1032	1704
DS	g	g	g
AR	g	g	o
GS	Ack	Str	Str
v_{Soll}	2	1	4,1
ue_{ZW}	0	0	0
$Q_{AH,Soll}$	0	0	0
$Drueck$	0,1	0,1	0,15

Im nächsten Schritt wird der Referenzzyklus erneut gefahren und die erlernte Aktion aus Tabelle 7.5 bei erneutem Auftreten der entsprechenden Cluster ID angewandt. In den anderen klassifizierten Clustern wird jeweils mit $\vec{u}_{A,konv}$ gefahren. Bild 7.11 zeigt die Ergebnisse in Form eines Vergleichs von Wirkungsgrad (links) und Kraftstoffverbrauch (rechts) jeweils mit und ohne O/C-Architektur über der Zeit. Insbesondere fällt auf, dass neben der mittleren Steigerung des Wirkungsgrads bzw. Minderung des Kraftstoffverbauchs um insgesamt 14% die Flächenleistung steigt. Grund hierfür ist die hohe Sollgeschwindigkeit von 4,1 m/s in Cluster ID 3. Allerdings ist anzumerken, dass diese Geschwindigkeit nicht erreicht wird, da der Traktor hier in Drückung gerät.

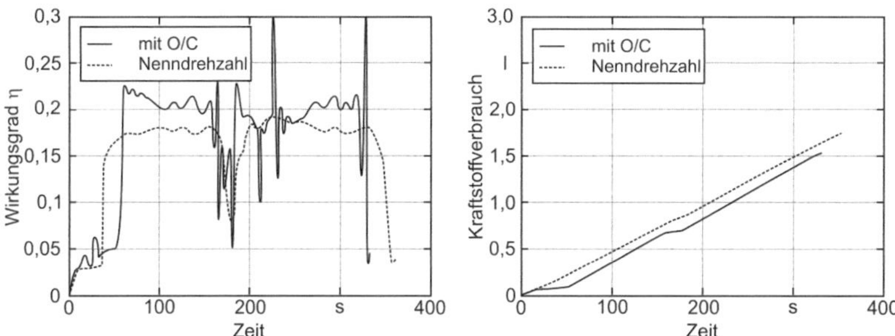

Bild 7.11: Vergleich von Wirkungsgrad (links) und Kraftstoffverbrauch (rechts) mit und ohne O/C-Architektur in Z2P

Bei einer Motorauslastung von 60 % liegt der Wechsel des Betriebszustandes des konventionellen Steuerungssystems in den Modus der angepassten Motordrehzahl (ECO) nahe. Bild 7.12 zeigt den Vergleich der Wirkungsgrade und der Kraftstoffverbräuche zwischen Fahrstrategie mit O/C-Architektur und angepasster Motordrehzahl. Hier zeigt sich ein tendenziell niedrigerer Gesamtwirkungsgrad und ein erhöhter Gesamtkraftstoffverbrauch von etwa 15% mit O/C-Strategie. Insbesondere der Vergleich der Wirkungsgrade zeigt wie in Kapitel 7.1, dass Potenziale durch den Evolutionären Algorithmus im Controller unberücksichtigt bleiben. Allerdings ergibt sich hier ebenfalls eine erhöhte Flächenleistung.

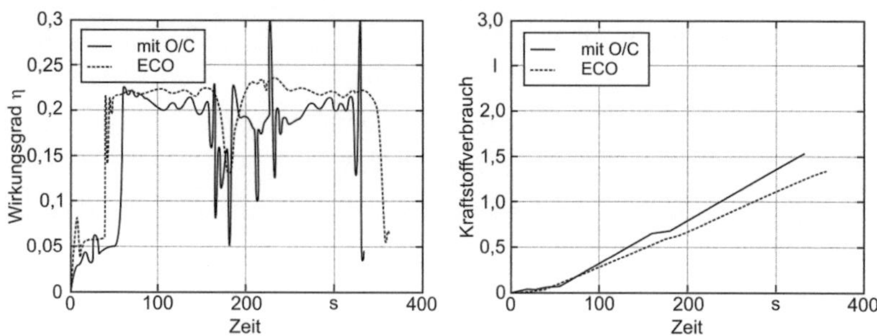

Bild 7.12: Vergleich von Wirkungsgrad (links) und Kraftstoffverbrauch (rechts) mit O/C Architektur und ECO-Modus in Z2P

7.2.2 Ergebnisse im Z3M-Zyklus

Der Zyklus Z3M beschreibt einen skalierbaren Mähen-Zyklus bei etwa 100 % Motorauslastung. Der Zugkraft- und Drehmomentverlauf über der Zeit ist in Bild 7.13 gezeigt. Als Boden liegt Grünland vor, die Radlasten sind stationär und der Lenkwinkel gleich Null. Da die Zugkraft und das Zapfwellendrehmoment in dieser Beschreibung die einzigen Veränderlichen in $\vec{u}_S$ darstellen, ergeben sich aus deren Höhe die Zuordnung zu Clustern, die ebenfalls in Bild 7.13 dargestellt sind.

Für diejenigen Cluster, die länger als 10 s stabil bleiben, werden nun vom Controller neue Aktionen gelernt. Die maximale Geschwindigkeit wird auf 5,6 m/s begrenzt. Des Weiteren gilt die Einschränkung einer konstanten Zapfwellendrehzahl. Die Drückung der VKM wird auf 0,1 begrenzt. Dementsprechend werden für Cluster ID 1, 5, 4, 6 und 3 optimierte Aktionen $\vec{u}_A^*$ gefunden. Tabelle 7.6 stellt $\vec{u}_{A,konv}$ der anhand des Controllermodells ermittelten besten Einstellung in den entsprechenden Clustern gegenüber.

Im nächsten Schritt wird der Referenzzyklus erneut gefahren und die erlernten Aktionen aus Tabelle 7.6 bei erneutem Auftreten der entsprechenden Cl_ID angewandt. In den anderen klassifizierten Clustern wird jeweils mit $\vec{u}_{A,konv}$ gefahren. Bild 7.14 zeigt die Ergebnisse in Form eines Vergleichs von Wirkungsgrad (links) und Kraftstoffverbrauch (rechts) jeweils

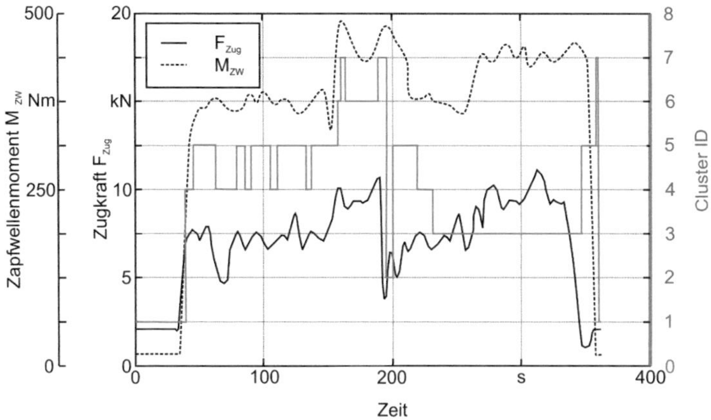

Bild 7.13: Clustererkennung in Zyklus Z3M

Tabelle 7.6: Erlernte Aktionen für Cluster ID 1, 5, 4, 6 und 3

$\vec{u}_A$	$\vec{u}_{A,konv}$	$\vec{u}_{A,ID1}$	$\vec{u}_{A,ID5}$	$\vec{u}_{A,ID4}$	$\vec{u}_{A,ID6}$	$\vec{u}_{A,ID3}$
$n_{VKM,Soll}$	2100	1800	1800	1800	1800	1800
DS	g	g	g	g	g	g
AR	g	o	o	o	o	o
GS	Ack	Str	Str	Str	Str	Str
v_{Soll}	3,9	5,6	5,6	5,6	5,6	3,9
ue_{ZW}	540	540E	540E	540E	540E	540E
$Q_{AH,Soll}$	0	0	0	0	0	0
$Drueck$	0,1	0,1	0,1	0,1	0,1	0,1

mit und ohne O/C-Architektur über der Zeit. Auch hier fällt auf, dass neben der mittleren Steigerung des Wirkungsgrads bzw. Minderung des Kraftstoffverbrauchs um insgesamt 12 % die Flächenleistung steigt. Grund hierfür sind ebenfalls die hohen Sollgeschwindigkeiten in den Cluster IDs 1, 5, 4 und 6. Auch hier erreicht der Traktor diese Geschwindigkeit nicht und gerät in Drückung.

Der Verlauf des Wirkungsgrads mit O/C-Architektur zeigt einige auftretende Spitzen. Diese sind darauf zurückzuführen, dass Führungsgrößen wie

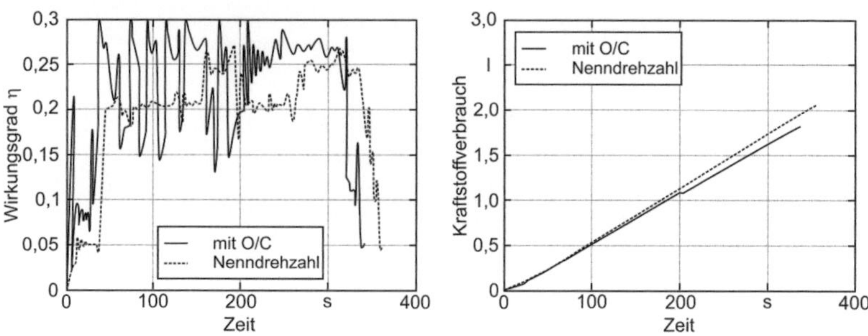

Bild 7.14: Vergleich von Wirkungsgrad (links) und Kraftstoffverbrauch (rechts) mit
und ohne O/C-Architektur in Z3M

v_{Soll} und $n_{VKM,Soll}$ verstellt werden, was wiederum starke Auswirkungen
auf die Leistungsflüsse im System hat.

7.2.3 Interpretation der Ergebnisse

Generell lässt sich festhalten, dass die situationsabhängige Betriebsführung
des Traktors mit O/C-Architektur bei den PowerMix Zyklen Z2P und Z3M
ein Potenzial zur Steigerung des mittleren Wirkungsgrads und des Kraftstoffverbauchs von etwa 10 % gegenüber konventioneller Betriebsführung
bei Nenndrehzahl findet. Beim Vergleich mit der konventionellen Betriebsführung bei angepasster Motordrehzahl zeigt sich auch hier wie schon in
Kapitel 7.1 die Überlegenheit einer angepassten Drehzahl. Diese Aussage
gilt allerdings lediglich für die ausschließliche Betrachtung der Zielfunktion des Wirkungsgrads oder des Kraftstoffverbrauchs. Die Flächenleistung
ist hingegen mit O/C-Architektur in den betrachteten Fällen höher.

Einschränkend ist mit Blick auf die Dynamik zu sehen, dass insbesondere beim Mähen die Cl_IDs entlang des Zykluses sehr stark wechseln.
Dies ist darauf zurückzuführen, dass sich hier zwei Einträge der Situationsbeschreibung kontinuierlich ändern und nicht wie beim Pflügen lediglich
ein Eintrag. Dies führt dazu, dass sich Führungsgrößen häufig sprungför-
mig ändern. Für eine Übertragung auf die reale Anwendung ist dies nicht

praktikabel. Abhängig von der Zahl der aktiven Verbraucher könnten zur Vermeidung etwa größere Cluster-Radien verwendet werden.

Sinnvoller in Bezug auf die praktische Umsetzung ist vor dem Hintergrund der sprungförmigen Führungsgrößen das Beibehalten des letzten zugewiesenen $\vec{u}_A^*$, anstatt wie gezeigt, die Aktion wieder auf $\vec{u}_{A,konv}$ rückzusetzen.

Ebenfalls mit Blick auf die Dynamik muss bei der Bewertung der Ergebnisse berücksichtigt werden, dass gewisse Effekte bei der Modellierung des SuOC vernachlässigt wurden. Hier stellt die Modellierung der VKM als ideale Drehmomentquelle die größte Ungenauigkeit dar. Die Bewertung dieses Fehlers insbesondere bei sich häufig ändernden Aktionen liegt außerhalb des Betrachtungshorizonts dieser grundlagenorientierten Arbeit.

7.3 Diskussion

Nach der Präsentation der Ergebnisse stellt sich nun die wichtige Frage: Wann hat die Steuerung des Traktors als Vertreter der Klasse der mobilen Arbeitsmaschinen durch die O/C-Architektur welchen Nutzen? Hier zeigen die Ergebnisse zunächst einmal, dass bei alleiniger Betrachtung einer Zielgröße wie etwa Wirkungsgrad oder Kaftstoffverbrauch und aktueller Implementierung der O/C-Architektur, heute zum Einsatz kommende dezentrale kennfeldbasierte Strategien wie etwa die angepasste Motordrehzahl einen besseren Betriebspunkt finden. Gleiches gilt für den Betrieb der Maschine durch einen erfahrenen Bediener. Dennoch zeigt sich der Einsatz der O/C-Architektur von Vorteil, wenn nicht nur eine Zielgröße optimiert werden soll, sondern mehrere, wie etwa Kraftstoffverbrauch, Flächenleistung und Schadstoffe. Vorstellbar ist die Gewichtung mehrerer Zielfunktionen durch den Bediener. Für ein rein dezentral betrachtetes System ist eine solche multikriterielle Optimierung schwer realisierbar. Für die O/C-Architektur ändert sich im Prinzip hingegen nur die Zielfunktion, die im Adaptation Modul umgesetzt wird. Die wissenschaftliche Auseinandersetzung damit sowie die detaillierte Beschreibung der situationsspezifischen Wirkungs-weise werden in den Arbeiten am AIFB von Micaela Wünsche dargestellt. Auch spricht die heute beobachtbare Entwicklung mobiler Arbeitsmaschinen hin zu komplexeren Systemen für den Einsatz der O/C-Architektur. Je mehr Einstellmöglichkeiten und je größer die Vernetzung ist, desto mehr wird dem Fahrer abverlangt. In konventionellen Steuerungssystemen wird dabei vom Fahrer eine Situationskenntnis verlangt. Dass viele Fahrer heute schon an Ihre Grenzen kommen, zeigen die Beiträge aus Maier et. al. und Trechow [68, 98].

Die O/C-Architektur in ihrer vorgestellten Implementierung bietet im Hinblick auf das Erreichen der Zielfunktion an einigen Stellen Verbes-serungspotenzial. Das Clustering-Modul sollte in Abhängigkeit der sich ändernden Einträge in $\vec{v}_S$ adaptive Clusterradien generieren, um so einen Kompromiss zwischen hoch-dynamischen, ungewollten Wechsel der Cl_ID und einer sensiblen Situationserkennung zu gewährleisten. Es konnte weiterhin gezeigt werden, dass der Optimierungsprozess im Adaptation Modul gewisses Potenzial ungenutzt lässt. Hier ist eine Anpassung des Evolutionären Algorithmus notwendig. Allerdings sollte dazu ebenfalls das stationäre Traktormodell in Rechenzeit und Stabilität verbessert werden. Letztere Eigenschaft führt so zu einem robusten Simulationsdurchlauf. Dadurch kann etwa das in Kapitel 6.1.1 erwähnte Modell des Anbaugeräts mit variierenden Belastungen über den Betriebsparametern eingeführt werden, um somit im Controllermodell eine genauere Berechnung der Zielfunktion zu geben. Zur Verbesserung der Zielfunktion macht es ebenfalls Sinn, auch für diejenigen Cluster optimierte Aktionen zu erlernen, die kürzer als 10 s andauern. In künftigen Arbeiten muss untersucht werden, welches die optimale Anzahl an $\vec{u}_A^*$ ist und wie die Evaluierung im online-Lernmodul zu gestalten ist, um dem tatsächlichen Optimum in den meisten Situationen zufriedenstellend Nahe zu kommen. Diese Frage kann jedoch wiederum nur in Wechselwirkung mit Cluster-Größe, Implementierung des Evolutionären Algorithmus und stationärem Controllermodell beantwortet werden.

Ein mit der O/C-Architektur ausgerüstetes dezentrales System erhält *kontrolliert selbstorganisierte* Eigenschaften, wie aus Kapitel 3.6 bekannt. Für den Traktor als SuOC bedeutet dies insbesondere die Ausprägung einiger Selbst-x-Eigenschaften:

- Selbst-optimierend: Der Traktor sucht nach geeigneten Aktionen, um sich bezüglich einer gegebenen Zielfunktion zu optimieren.

- Selbst-lernend: Der Traktor besitzt online- und offline-Lernfähigkeit.

- Selbst-bewusst: Der Traktor kennt sich selbst - seine Komponenten, gegenwärtige Situation, seine Ressourcen und Beschränkungen. Zur Erhöhung des sich selbst-Bewusstseins kann der Traktor die vom Fahrer stammende Aktion gegenüber der eigenen erlernten Aktion vergleichen. Auf diese Weise kann der Traktor durch geübte Fahrer „antrainiert" werden. Ebenfalls können bei Einschränkung des Suchraums Alternativen bei einem um einen gewissen Prozentsatz aufgeweiteten Suchraum gegeben werden.

- Selbst-heilend: Der Traktor erkennt durch den online-Lernprozess die Auswirkung einer Fehlfunktion einzelner Komponenten oder Verschleiß der Maschine und kann darauf reagieren. Eine Sättigung des Evaluationsfaktors kann hierbei einen sehr langen Abbau einer für das frühere System geeigneteren Aktion verkürzen.

- Adaptiv: Der Traktor kennt seine Situation und die Anforderung seiner auszuführenden Arbeit und kann sich darauf einstellen.

- Autonom: Der Traktor wählt die benötigten Ressourcen selbst aus, während seine Komplexität nach außen im Verborgenen bleibt.

Im Kontext der kontrollierten Selbstorganisation ist das Gesamtsystem ebenfalls kontrollierbar durch den menschlichen Bediener. Er kann die

Zielfunktion vorgeben und den Lernprozess überwachen. Außerdem ist eine Überwachung der Eingriffe aufgrund einer ausgewiesenen Schnittstelle zum SuOC möglich.

Das Vorherrschen von emergenten Effekten lässt weiter den Schluss zu, dass die dezentrale Betrachtungsweise des konventionellen Steuerungssystems in nachgewiesenen Situationen nicht in der Lage ist, die optimalen Handlungsvorschläge zu geben. Die O/C-Architektur ist theoretisch in der Lage, zu diesem Optimum zu konvergieren.

Ausblickend kann die O/C-Architektur dazu eingesetzt werden, schaltbare Hilfs- und Nebenaggregate anzusteuern. In aktuellen Traktoren sind etwa der Klimakompressor vom Antriebsstrang abkoppelbar. Durch aktuelle Bestrebungen der Elektrifizierung des Antriebsstrangs können weitere Hilfs- und Nebenaggregate wie etwa Lüfter oder Servopumpen variabel an den Antriebsstrang gekoppelt werden. All diese Aggregate tragen nicht direkt zur Arbeitserledigung bei und können innerhalb eines Zeitfensters frei zu- und abgeschaltet werden. Eine mögliche Betriebsstrategie ist die Zuschaltung dieser Aggregate in Phasen niedriger Motordrehmomente bezogen auf das bei aktueller Drehzahl mögliche maximale Motormoment. Zur Ermittlung, ob innerhalb des Zeitfensters eine solche Phase vorraussichtlich auftritt, kann der Observer um ein *Predicition*-Modul erweitert werden, wie es in der generischen Architektur nach Müller-Schloer [73] vorgesehen ist. Auf Basis der Informationen zurückliegender Feldüberfahrten kann so ermittelt werden, wann aufgrund von Inhomogenitäten der Arbeitsbelastung oder Vorgewende mit einer niedrigeren Motorauslastung zu rechnen ist. Unter Einbezug der Hilfs- und Nebenaggregate baut die O/C-Architektur somit das übergeordnete Management des gesamten Antriebsstrangs auf.

8 Zusammenfassung

In der vorliegenden Arbeit wurden grundlegende Erkenntnisse und Zusammenhänge zur Betrachtung der mobilen Arbeitsmaschine als komplexes System dargestellt. Deren umfassende Beleuchtung lässt sich in drei Teile gliedern.

Im ersten Teil wurden Gedankenmodelle von mobilen Arbeitsmaschinen aus verschiedenen Blickwinkeln aufgebaut. Diese Modelle wurden mit einer wissenschaftlichen Definition von allgemeinen komplexen Systemen verglichen. Neue Erkenntnis ist hier, dass mobile Arbeitsmaschinen generell alle Eigenschaften komplexer Systeme erfüllen. Für konkrete mobile Arbeitsmaschinen muss diese Aussage differenziert werden. Die Betrachtung von mobilen Arbeitsmaschinen als komplexe Systeme deckte dabei einige vorherrschenden Probleme in Verbindung mit heute eingesetzten dezentralen, meist kennfeldbasierten Steuerungen und Regelungen auf, die in dieser Arbeit erstmals zusammengetragen wurden. Kernpunkt dieser Problematik war die Tatsache, dass dadurch ein globales Optimum nur selten, gewissermaßen als Zufallsprodukt, erreicht werden kann.

Aus dieser Motivation heraus wurde im zweiten Teil nach Lösungen zu einer ganzheitlichen Steuerung auch aus anderen Bereichen gesucht. Begründet wurde diese erweiterte Suche damit, dass komplexe Systeme nahezu in allen technischen Bereichen verbreitet sind. Aus der Informatik entwickelte sich die Disziplin Organic Computing, die sich im Kern mit der Beherrschung komplexer Systeme beschäftigt. Der daraus entwickelte „Regler", die O/C-Architektur, ist potentiell in der Lage, die gestellten Anforderungen an ein ganzheitliches Steuerungssystem für mobile Arbeitsmaschinen zu erfüllen. Darüber hinaus ist durch das ressourcenangepasste Berechnungsverfahren eine Echtzeitfähigkeit möglich.

Der dritte Teil dieser Arbeit beschäftigte sich schließlich mit der Übertragung der O/C-Architektur auf mobile Arbeitsmaschinen. Da diese von vorneherein generischen Charakter hat, mussten deren Funktionen für mobile Arbeitsmaschinen angepasst werden. Ein Standardtraktor wurde als repräsentative Beispielmaschine gewählt. Die so entwickelte Architektur wurde anhand eines validierten dynamischen Simulationsmodells des Traktors verifiziert. Ergebnisse hieraus zeigten, dass mit Blick auf die Zielfunktion Wirkungsgrad ein zyklusabhängiges Potenzial gegenüber einer konventionellen Fahrstrategie erkennbar ist. Allerdings sind heute bereits eingesetzte dezentrale Strategien zur alleinigen Reduktion des Kraftstoffverbrauchs überlegen. Der Einsatz der O/C-Architektur kann dennoch durch eine multikriterielle Optimierung eines immer komplexer werdenden Systems gerechtfertigt werden.

Wesentliche wissenschaftliche Beiträge dieser Arbeit sind somit die Beantwortung folgender Fragestellungen:

- In wie weit können mobile Arbeitsmaschinen heute als komplexe Systeme verstanden werden?

- Welche Konsequenzen hat diese Betrachtung auf das Steuerungssystem mobiler Arbeitsmaschinen?

- Gibt es, auch inspiriert durch andere technische Bereiche, für Steuerungssysteme mobiler Arbeitsmaschinen sinnvolle Alternativen?

- Wie muss die O/C-Architektur aus systemtheoretischer Sichtweise aufgebaut werden?

- Wann ist der Einsatz der O/C-Architektur sinnvoll zur Steuerung mobiler Arbeitsmaschinen?

9 Ausblick: Übertragung auf die reale Maschine

Eine Übertragung der O/C-Architektur auf einen realen Traktor hat im Rahmen dieser Arbeit nicht stattgefunden. Daher kommt diesem Kapitel, indem verschiedene Aspekte der Übertragung und Übertragbarkeit diskutiert werden, der Charakter eines Ausblicks zu.

Es sind keine plausiblen Beschränkungen bekannt, dass ein entsprechend angepasster Code der O/C-Architektur in einem Seriensteuergerät nicht echtzeitfähig möglich ist. In der Praxis herrscht hier vor allem die Restriktion einer geringen Rechenleistung vor, was den Erfolg dezentraler kennfeldbasierter bzw. PID-Regelungen erklärt und oftmals gegen die Einführung anspruchsvollerer Regelungen spricht. Die O/C-Architektur hat hier aufgrund des dreistufigen Aufbaus die Eigenschaft, eine an Ressourcen angepasste Rechenzeit zu benötigen. Die erste Ebene, bestehend aus Situationsschätzer, Clustering und Mapping benötigt, genau wie die zweite Ebene, das online-Lernen, generell wenig Rechenleistung. Das offline-Lernen der dritten Ebene braucht zwar mehr Rechenleistung, kann aber dann durchgeführt werden, wenn das Steuergerät freie Ressourcen hat. Rechenzeitverkürzende Maßnahmen können am stationären Simulationsmodell eingeführt werden. So sind beispielsweise die Verwendung von Kennfeldern zur Beschreibung derjenigen Subsysteme mit wenigen Ein- und Ausgängen zu nennen. Weitere Vereinfachungen des Modells zur Verkürzung der Rechenzeit sind ebenfalls denkbar.

Für die Ermittlung der messbaren Situation $\vec{u}_S'$ kann auf bereits bestehende Sensorik im Traktor zurückgegriffen werden. Bis auf M_{ZW}, p_{AH} und $F_{Z,1...3}$ liegen hier im gewählten Demonstrator alle benötigten Informationen vor, oder aber können aus vorhandenen Informationen abgeleitet werden. Diese können in Form von standardisierten Nachrichten oder proprietären Protokollen über das BUS-System abgegriffen werden. Standardisierte Nachrichten in Traktoren sind das *SAE J1939* Protokoll, das über die DIN 9684 genormte *LBS* (Landwirtschaftliches Bussystem) sowie das über ISO 11783 genormte *ISOBUS* Protokoll. Alle nicht vorliegenden benötigten Informationen müssen über eine zusätzliche Sensorik ermittelt werden.

Unter der Randbedingung der für moderne Traktoren üblichen Kommunikationsinfrastruktur sind prinzipiell drei unterschiedliche Möglichkeiten zur Übermittlung der optimierten Aktion $\vec{u}_A^*$ an den Traktor denkbar. Diese sind in Vollmer [102] zusammengestellt worden:

Integration als Fahrerassistenzsystem:
Bei einer Integration als Fahrerassistenzsystem kann die optimierte Aktion $\vec{u}_A^*$ als Handlungsvorschlag über ein Display an den Bediener übergeben werden. Das Steuergerät, auf dem sich die O/C-Architektur befindet, kann dabei entweder über die Diagnoseschnittstelle oder als normaler CAN-Teilnehmer integriert sein. Einschränkend ist, dass nur Sollwertvorgaben optimiert werden können und nicht, wie angesprochen, Systemparameter oder die Struktur des Systems. Dem Bediener obliegt die Aufgabe, die angezeigte optimierte Aktion als neue Sollwertvorgabe an den Traktor zu übergeben, oder falls gewünscht abzulehnen. Da, wie aus Kapitel 7 bekannt, viele Situationen und dadurch optimierte Aktionen über einen Zeitraum von $\approx 10\,\text{s}$ konstant bleiben, bleibt dem Bediener genügend Zeit, die Änderungen selbst vorzunehmen. Selbstverständlich muss auf eine leichte Verständlichkeit und hohe Ergonomie der Benutzeroberfläche geachtet werden. Der Bediener wird also aktiv in das Regelsystem eingebunden und behält dadurch die Kontrolle über den Traktor.
Dieses Konzept hat die Vorteile, dass es denkbar sicher ist, da kein automatisierter Eingriff in die Traktorsteuerung erfolgt. Das System kann unabhängig vom Traktorhersteller entwickelt werden, was aus der Perspektive,

dass keine oder nur geringe Eingriffe in das bestehende Maschinenkonzept notwendig sind, mit einem vergleichsweise geringem Aufwand verbunden ist. Nachteilig ist, dass der Fahrer zusätzlich belastet wird. Als Regler ist er langsam und bei Überlagerung mehrerer Regelprozesse können Fehler gemacht werden.

Integration als erweiterter ISOBUS Teilnehmer:

Das Steuergerät, in das die O/C-Architektur implementiert wird, kann alternativ als erweiterter ISOBUS Teilnehmer integriert werden, um eine Steuerung nach dem Prinzip „Gerät steuert Traktor" zu realisieren. Für dieses Konzept ist der aktuelle ISOBUS-Standard mit einer Traktor ECU *Class 3* [102] notwendig. In dieser Entwicklungsstufe unterstützt die Traktor ECU die Fernsteuerung der Freiheitsgrade Volumenstrom der Arbeitshydraulik, Übersetzungsstufe und Drehzahl der Zapfwelle sowie Fahrgeschwindigkeit. Um alle die in den vorhergehenden Kapiteln angesprochenen Traktorfreiheitsgrade anzusteuern, können in Kooperation mit dem Traktorhersteller die über die in ISO 11783 für proprietäre Nachrichten reservierten Adressräume verwendet werden. In SAE J1939-71 sind Funktionen zur Steuerung der Differenzialsperren, der Allradkupplung, Gruppenschaltung und Motordrückung vorgesehen. Darüber hinaus kann der ebenfalls in ISO 11783 genormte *File Server* als Speichermöglichkeit für gesammelte Informationen der O/C-Architektur genutzt werden. Es kann in diesem Zusammenhang ebenfalls auf die Sicherheitsfunktionen der ISO 11783 zurückgegriffen werden. In einer Situation, in der der Fahrer die Steuerung des Traktors manuell übersteuert, wird so etwa die automatische Steuerung deaktiviert und in einen sicheren Zustand überführt.

Vorteile dieses Konzepts sind die Möglichkeiten der vollständigen Automation des Optimierungsprozesses und die relativ sichere Umsetzung. Am Markt existieren bereits Lösungen des Prinzips „Gerät steuert Traktor", entsprechend kann auf die daraus bekannten Sicherheitsmechanismen zurückgegriffen werden. Nachteilig ist der noch stark theoretische Ansatz besonders bei der Fernsteuerung durch proprietäre Protokolle. Weiter müssen Traktoren mit einer niedrigeren als ECU Class 3 aufgerüstet werden.

Integration in die Traktor ECU:

Die Integration der O/C-Architektur in die Traktor ECU ist die konstruktiv einfachste Lösung, da kaum Änderungen am bestehenden System notwendig sind. Da die Traktor ECU als Gateway zwischen den unterschiedlichen BUS-Systemen dient, liegen hier alle BUS-Informationen vor und stehen daher der O/C-Architektur zur Verfügung. Es besteht darüber hinaus die Möglichkeit, ohne konstruktiven Mehraufwand, optimierte Aktionen $\vec{u}_A^*$ direkt an die Stelleinrichtungen zu übermitteln.

Nachteilig ist vor allem, dass das ohnehin schon hochausgelastete Steuergerät weitere Rechenschritte durchführen muss. Gegebenenfalls muss ein leistungsfähigeres Steuergerät eingesetzt werden. Die Softwareentwicklung erfolgt in diesem Fall traktorspezifisch, Herausforderung bei der Umsetzung ist vor allem die Frage nach den Prioritäten der Steuersignale aus den unterschiedlichen Quellen.

Abseits der technischen Betrachtung sind zur Übertragung zwei Hürden zu nehmen. Die eine Hürde besteht in der Akzeptanz des Systems bei Bediener und Hersteller. Aufgrund der implementierten Lernfähigkeit erscheint das Verhalten der Maschine im Betrachtungshorizont des Bedieners nicht deterministisch. Das heißt, dass der Traktor in für den Bediener augenscheinlich gleichen Situationen unterschiedliche Aktionen ausführen kann. Da der Bediener ein deterministisches Verhalten gewohnt ist, wird hier, zumindest anfangs, das Fahrgefühl leiden. Hersteller eines mit der O/C-Architektur ausgerüsteten Traktors tun sich darüber hinaus schwer, dass der Traktor zum Zeitpunkt der Auslieferung an den Kunden nicht voll entwickelt ist. Lösungsansatz für diese nichttechnischen Probleme kann in einem innovativen Marketing für einen lernenden „organischen" Traktor liegen.

Die andere Hürde besteht aufgrund eines Spannungsfelds zwischen den lernfähigen Eigenschaften und der Anforderung an die Sicherheit. So kann es unter Umständen vorkommen, dass der Traktor Einstellungen vornimmt, die in der vorherrschenden Situation zu einer Gefährdung von Mensch und Maschine führt. Hier sind Maßnahmen zu treffen. Zur Vermeidung sicherheitskritischer Einstellungen insbesondere im Straßenverkehr kann die O/C-Architektur ausgeschaltet oder aber Aktionen vom Bediener quittiert werden. Im letzteren Fall entscheidet der Bediener in übergeordneter Instanz, sodass dadurch ebenfalls auftretende Fragen über Verantwotlichkeiten geklärt sind. Losgelöst vom organischen Traktor muss allerdings an dieser Stelle allgemein angemerkt werden, dass Lernfähigkeit und in diesem Sinne eine kontrollierte Selbstorganisation technischer Systeme aufgrund zunehmender Komplexität eine fortschreitende Verbreitung finden. Gesetzliche und normative Rahmenbedingungen sind hier mit hoher Wahrscheinlichkeit zukünftig zu erwarten. Es ist in diesem Zusammenhang etwa auf die Entwicklung autonom fahrender PKWs zu verweisen.

Zusammenfassend kann für eine breite Akzeptanz eines *organischen* Traktors Schmeck [86] zitiert werden. Demnach sind folgende Punkte wichtig:

- Entwickler von organischen [Traktoren] müssen sicherstellen, dass selbstorganisierte Systeme kein ungewolltes (emergentes) Verhalten zeigen. Dies ist insbesondere dann wichtig, wenn Fehlfunktionen zu verheerenden Konsequenzen führen, insbesondere in sicherheitskritischen Applikationen. Organische [Traktoren] werden nur dann akzeptiert, wenn der Benutzer ihnen vertrauen kann. Aus diesem Grund ist Vertrauenswürdigkeit und Zuverlässigkeit die wichtigste Grundvoraussetzung für deren Akzeptanz.

- Damit verbunden ist die Forderung, dass der Benutzer zu jeder Zeit die Möglichkeit hat, den [Traktor] zu beobachten und zu beeinflussen. Aus diesem Grund muss der Systemdesigner Schnittstellen zur

Verfügung stellen, die zur Kontrolle des [Traktors] verwendet werden können. Dies bedeutet insbesondere die Möglichkeit korrigierende Aktionen von außen einleiten zu können. Betonung liegt neben der Interaktion mit dem Benutzer ebenfalls auf der Überstimmung seiner Vorschläge.

- Die Implementierung von lernfähigen Eigenschaften als Teil eines organischen [Traktors] eröffnet zwar viele Möglichkeiten, führt allerdings auch zu einigen Herausforderungen. Lernende [Traktoren] lernen oftmals aus Fehlern. Falls keine Gegenmaßnahmen ergriffen werden, werden diese Fehler auch tatsächlich gemacht. Aus diesem Grund sollten Entwickler den Lernprozess derart kontrollieren, dass sich der [Traktor] nicht in einen ungewollten (emergenten) Zustand entwickelt.

Abbildungsverzeichnis

Tabellenverzeichnis

Literaturverzeichnis

[1] *DIN IEC 60050-351: Internationales Elektrotechnisches Wörterhandbuch - Teil 351: Leittechnik.* International Electrotechnical Commission, 2009.

[2] *Richtlinie 97/68/EG: Rat vom 16. Dezember 1997 zur Angleichung der Rechtsvorschriften der Mitgliederstaaten über Massnahmen zur Bekämpfung der Emission von gasförmigen Schadstoffen und luftverunreinigenden Partikeln aus Verbrennungsmotoren für mobile Maschinen und Geräte.* 1997.

[3] *Maschinenrichtlinie 2006/42/EG.* Rat über Maschinen und zur Änderung der Richtlinie 95/16/EG (Neufassung), 2006.

[4] AGCO(Hrsg.). *Betriebsanleitung Fendt 400 Vario.* AGCO Fendt, 1998.

[5] H. Aitzetmüller, G. Hörmann, D. Stöckl, and J. Fehringer. *Stufenloses Getriebesystem für mobile Maschinen.* In ATZ offhighway, Sonderausgabe ATZ, pages 60-69, April 2011.

[6] K. L. Bellman, C. Landauer, and P. R. Nelson. *Organic Computing*, chapter Systems Engineering for Organic Computing: The Challenge of Shared Design and Control between OC Systems and their Human Engineers, pages 25–80. Springer-Verlag Berlin Heidelberg, 2008.

[7] M. Bliesener. *Optimierung der Betriebsführung mobiler Arbeitsmaschinen*. PhD thesis, Institut für Fahrzeugsystemtechnik (FAST), Karlsruher Institut für Technologie (KIT), 2012.

[8] BMBF(Hrsg.). *Positionspapier Alternative Antriebe und Hybridkonzepte*. Bundesministerium für Bildung und Forschung (BMBF), Bonn, Berlin 2004.

[9] J. Boardman and B. Sauser. System of systems - the meaning of of. In *2006 IEEE/SMC International Conference on System of System Engineering, Los Angelos, CA*, pages 6–12, 2006.

[10] R. Boomgaarden(Hrsg.). *Stufenlose Zapfwelle*. In: Eilbote, page 24, 2011 (18).

[11] J. Branke and H. Schmeck. *Organic Computing*, chapter Evolutionary Design of Emergent Behaviour, pages 123–140. Springer, 2008.

[12] U. Brinkschulte, M. Pacher, and A. von Renteln. *Organic Computing*, chapter An Artificial Hormone System for Self-Organizing Real-Time Task Allocation in Organic Middleware, pages 261–283. Springer, 2008.

[13] A.-P. Bröhl and W. Dröschel. *Das V-Modell*. R. Oldenbourg Verlag, München, 2003.

[14] R. A. Brooks. A robust layered control system for a mobile robot. *IEEE Journal of Robotics and Automation*, 2(1):14–23, 1986.

[15] D. Brunotte. *Einsatzmöglichkeiten eines Fuzzy-Logik-Systems für das Antriebsstrangmanagement eines Traktors*. PhD thesis, TU Braunschweig, 2005.

[16] E. Buning, T. Kempf, and R. Keil. *E Premium - Höhere Spannung in landwirtschaftlichen Nutzfahrzeugen*. In: Land.Technik, 2008.

[17] E. Cakar, M. Mnif, C. Müller-Schloer, U. Richer, and H. Schmeck. Towards a quantitative notion of self-organisation. In *2007 IEEE Congress on Evolutionary Computation (CEC)*, pages 4222–4229, 2007.

[18] J. Cardoso. How to measure the control-flow complexity of web processes and workflows. In L. Fischer, editor, *The Workflow Handbook*, pages 199–212. Lighthouse Point: Future Strategies 2005, 2005.

[19] C. Cromberg. *Selbstorganisation bei Koordination komplexer Produktentwicklungsprozesse.* PhD thesis, Universität Stuttgart, 2006.

[20] W. Daenzer and F. Huber. *Systems Engineering, 7. Auflage.* Verlag Industrielle Organisation, Zürich, 1992.

[21] O. Degrell and T. Feuerstein. *DLG-PowerMix - Ein Praxisorientierter Traktorentest.* In: VDI-Berichte 1789, pages 339-345, 2003.

[22] R. Dittmar and B.-M. Pfeiffer. *Modellbasierte prädiktive Regelung.* Oldenbourg Wissenschaftsverlag, München, 2004.

[23] F. Dressler. *Self-Organization in Sensor and Actor Networks.* John Wiley & Sons Ltd., West Sussex, 2007.

[24] R. Finzel. *Elektrohydraulische Steuerungssysteme für mobile Arbeitsmaschinen.* PhD thesis, Technische Universität Dresden, 2010.

[25] R. L. Flood and E. R. Carson. *Dealing with Complexity.* 2. Auflage, New York, 1993.

[26] O. Föllinger. *Optimierung dynamischer Systeme.* Oldenbourg Wissenschaftsverlag, München, 1988.

[27] J. Forche. *Management hydraulischer Antriebe in mobilen Arbeitsmaschinen.* Land.Technik 2003, pages 239-244, 2003.

[28] R. Freimann. *Automation mobiler Arbeitsmaschinen - Gerät steuert Traktor*. PhD thesis, Fakultät für Maschinenwesen der Technischen Universität München, 2003.

[29] A. Fritz. *Using XCS for self-organising cleaning robots (Studienarbeit)*. Institut für Angewandte Informatik und Formale Beschreibungsverfahren, Universität Karlsruhe (TH), 2009.

[30] A. Fuchs. *Die Zukunft liegt in hybriden Systemen (Interview mit Herrn Heinz Aitzetmüller)*. In: ATZ offhighway, April 2012.

[31] M. Geimer(Hrsg.). *Hybridantriebe für mobile Arbeitsmaschinen*. WVMA - Wissenschaftlicher Verein für Mobile Arbeitsmaschinen e.V., 2009.

[32] M. Geimer(Hrsg.). *Hybridantriebe für mobile Arbeitsmaschinen*. WVMA - Wissenschaftlicher Verein für Mobile Arbeitsmaschinen e.V., 2011.

[33] M. Geissler, W. Aumer, M. Lindner, and T. Herlitzius. *Elektrifizierter Radnabenantrieb im Traktor*. Land.Technik 2010, pages 363-369, 2010.

[34] M. Götz, W.-D. Gruhle, M. Mohr, and K. Grad. Electrically assisted powertrains for agricultural machinery, in particular tractors. In *Land.Technik AgEng 2009*, 2009.

[35] K. Grad, G. Bailly, J. Pohlenz, and W. Denk. *Neue Generation stufenloser Traktorgetriebe*. In: ATZ Offhighway Sonderausgabe ATZ, pages 28-39, 2011.

[36] J. Greve(Hrsg). *Emergenz: zur Analyse und Erklärung komplexer Strukturen*. Suhrkamp, Berlin, 2011.

[37] R. Gugel and N. Tarasinski. *Infinitely variable PTO transmission*. Land.Technik AgEng, 2009.

[38] K. Hahn. *Electric Tractor Implement Interface*. Land.Technik 2008, 2008.

[39] S. Harding and W. Banzhaf. *Organic Computing*, chapter Artificial Development, pages 201–219. Springer-Verlag Berlin Heidelberg, 2008.

[40] H.-H. Harms and J. Seeger. *Antriebsstrangmanagement von Traktor und Getriebe am Beispiel eines Traktors*. In: 9. Aachener Kolloquium Fahrzeug- und Motorentechnik, pages 57-72, 2001.

[41] K. Hartmann, D. Jünemann, S. Kemper, M. Robert, L. Roos, J. Schattenberg, and J. Untch. *Trends bei Landmaschinen und Traktoren*. In: Mobile Maschinen (1)2012, pages 14-19, 2012.

[42] T. Hestermann, O. Oberschelp, and H. Giese. *Structured information processing for self-optimising mechatronic systems*. In: 1st International Conference on Informatics and Control, Automation and Robotics, pages 230-237, 2004.

[43] C. Igel and B. Sendhoff. *Organic Computing*, chapter Genesis of Organic Computing Systems: Coupling Evolution and Learning, pages 141–166. Springer-Verlag Berlin Heidelberg, 2008.

[44] P. Ioannou and B. Fidan. *Adaptive Control Tutorial*. Society of Industrial and Applied Mathematics, Philadelphia, 2006.

[45] P. A. Ioannou and A. Pitsillides. *Modeling and Control of Complex Systems*. CRC Press, Boca Raton, 2008.

[46] S. Johnson. *Emergence: The connected lives of ants, brains, cities, and software*. Scribner Book Company, 2001.

[47] J. Karner and H. Prankl. *Erwartungshaltung der österreichischen Landtechnik-Industrie hinsichtlich elektrischer Antriebe*. In: Land.Technik 2012, pages 335-340, 2012.

[48] T. Kautzmann, M. Geimer, and M. Wünsche. *Ganzheitliche Steuerung für mobile Arbeitsmaschinen*. In: ATZ offhighway, pages 80-87, April 2013.

[49] T. Kautzmann, M. Geimer, M. Wünsche, S. Mostaghim, and H. Schmeck. *Flexibles Management für Traktoren*. In: 70. Internationale Tagung Land.Technik, pages 69-74, 2012.

[50] T. Kautzmann, M. Wünsche, S. Mostaghim, M. Geimer, and H. Schmeck. *Simulationsmodell zur Unterstützung von selbstoptimierenden Fähigkeiten eines Traktors*. In: Land.Technik 2010, pages 187-195, 2010.

[51] T. Kautzmann, M. Wünsche, S. Mostaghim, M. Geimer, and H. Schmeck. *Holistic Optimization of Tractor Management*. In: Land.Technik AgEng 2011, Hannover, 11.-12. November 2011, pages 275-280, 2011.

[52] T. Kautzmann, M. Wünsche, S. Mostaghim, M. Geimer, H. Schmeck, and M. Bliesener. *A novel approach for holistic optimization of mobile machine managements*. In: The Twelfth Scandinavian International Conference on Fluid Power SICFP11, vol. 2, pages 207-221, 2011.

[53] J. O. Kephart and D. M. Chess. *The vision of autonomic computing*. IEEE Computer, 36(1):44-50, 2003.

[54] H. Kiendl. *Fuzzy Control methodenorientiert*. Oldenbourg Wissenschaftsverlag, München, 1997.

[55] M. G. Kliffken, T. Anderl, D. van Bracht, and C. Ehret. *Hydrostatic CVTs and Hydrostatic Hybrid Technology*. In: Land.Technik AgEng 2009, pages 309-319, 2009.

[56] T. Kohmäscher. *Modellbildung, Analyse und Auslegung hydrostatischer Antriebsstrangkonzepte*. PhD thesis, Fakultät für Maschinenwesen der RWTH Aachen, 2008.

[57] G. Korlath. *The Human Factor in Off-Road Mobility*. Budapast, Hungary, 2006.

[58] J. Kramer and J. Magee. A rigorous architectural approach to adaptive software engineering. *Journal of Computer Science and Technology*, 24(2):183–188, 2009.

[59] M. Kremmer. *Vorlesungsskript Traktoren*. Karlsruher Institut für Technologie, 2007.

[60] G. Kunze, S. Mieth, and S. Voigt. *Bedienereinfluss auf Leistungszyklen mobiler Arbeitsmaschinen*. In: ATZ offhighway (Sonderausgabe), pages 70-79, 2011.

[61] H. Kutzbach. *Allgemeine Grundlagen Ackerschlepper Fördertechnik*. Parsey Studientexte, Hamburg, 1989.

[62] T. Lang. *Hydraulische Antriebstechnik in mobilen Arbeitsmaschinen*. Habilitation, TU Braunschweig, Shaker Verlag Aachen, 2011. Forschungsberichte des Instituts für Landmaschinen und Fluidtechnik.

[63] T. Lee. *Complexity Theory in Axiomatic Design*. PhD thesis, Massachusetts Institute of Technologie, 2003.

[64] L. Litz. *Dezentrale Regelung von Mehrgrössensystemen hoher Ordnungssysteme*. Habilitationsschrift Universität Karlsruhe (TH)/ Fakultät für Elektrotechnik, 1982.

[65] J. Lunze. *Regelungstechnik*. Springer, Berlin Heidelberg, 2007.

[66] J. Lunze. *Regelungstechnik 2*. Springer, Berlin Heidelberg, 2008.

[67] E. Maehle, W. Brockmann, and K.-E. Grosspietsch. *Organic Computing - A Paradigm Shift for Complex Systems*, chapter Application of the Organic Robot Control Architecture ORCA to the Six-Legged Walking Robot OSCAR, pages 517–530. Springer Basel, 2011.

[68] T. Maier and S. Pfeffer. *Vom „iFlow" zum „Over-Flow" - Grenzen und Potenziale der Mensch-Maschine-Schnittstelle*. Land.Technik 2012, 2012.

[69] K. Mainzer. *Organic Computing*, chapter Organic Computing and Complex Dynamical Systems - Conceptual Foundations and Interdisciplinary Perspectives, pages 104–122. Springer-Verlag Berlin Heidelberg, 2008.

[70] M. A. Martinus. *Funktionale Sicherheit von mechatronischen Systemen bei mobilen Arbeitsmaschinen*. PhD thesis, TU München, 2004.

[71] M. D. Mesarovic and Y. Takahara. Abstract systems theory. In *Lecture Notes in Control and Information Science*. Springer, Berlin, Heidelberg, 1989.

[72] G. Mühl, L. Fiege, and P. Pietzuch. *Distributed event-based systems*. Springer, Berlin, Heidelberg, 2006.

[73] C. Müller-Schloer. Organic computing: On the feasibility of controlled emergence. In *2nd IEEE/ACM/IFIP International Conference on Hardware/Software Codesign and Systems Synthesis (CODES + ISSS 2004), pages 2-5, ACM*, 2004.

[74] C. Müller-Schloer, H. Schmeck, and T. Ungerer. *Organic Computing - A Paradigm Shift for Complex Systems*. Springer, Berlin, Heidelberg, 2011.

[75] K. Neumann and M. Morlock. *Operations Research*. Carl Hanser-Verlag, München, 1993.

[76] D. Pathmaperuma. *Lernende und selbstorganisierende Putzroboter (Diplomarbeit)*. Institut für Angewandte Informatik und Formale Beschreibungsverfahren, Universität Karlsruhe (TH), 2008.

[77] H. Pfab and K. Schröder. *Hydrostatisches Antriebs- und Steuerungssystem für Radlader*. Wissensportal baumaschine.de, vol. 3, 2003.

[78] B. Pichlmaier and R. Honzek. *Traktionsmanagement für Grosstraktoren*. In: ATZ offhighway (Sonderausgabe), pages 84-94, November 2011.

[79] H. Prothmann. *Organic Traffic Control*. PhD thesis, Fakultät für Wirtschaftswissenschaften des Karlsruher Instituts für Technologie, 2011.

[80] T. Raste. *Dezentrale Deskriptorsysteme: Modellbildung, Regelung und sicherheitstechnische Anwendung in der Mechatronik*, volume VDI Reihe 8 Nr 1059. VDI Verlag, Düsseldorf, 2005.

[81] O. Ribock. *Using organic computing to control bunching effects (Diplomarbeit)*. Institut für Angewandte Informatik und Formale Beschreibungsverfahren, Universität Karlsruhe (TH), 2007.

[82] O. Ribock, U. Richter, and H. Schmeck. *Using organic computing to control bunching effects*. In: 21st International Conference on Architecture of Computing Systems (ARCS 2008), pages 232-244, 2008.

[83] U. M. Richter. *Controlled Self-Organization - Using Learning Classifier Systems*. PhD thesis, Institut für Angewandte Informatik und Formale Beschreibungsverfahren, Karlsruhe, 2009.

[84] W. Roddeck. *Einführung in die Mechatronik*. Vieweg + Teubner Verlag, 2006.

[85] P. Rössler, T. Kautzmann, and M. Geimer. *Online parametrierbare Traktor-Gerätemodelle.* In: Landtechnik - Agricultural Engineering, vol. 67, pages 247-250, 2012.

[86] H. Schmeck. *Organic Computing: A new vision for distributed embedded systems.* 8th IEEE International Symposium on Object-Oriented Real-Time Distributed Computing, 2005.

[87] M. Schreiber. *Kraftstoffverbrauch beim Einsatz von Ackerschleppern im besonderen Hinblick auf CO2-Emissionen.* PhD thesis, Fakultät Agrarwissenschaften an der Universität Hohenheim, 2006.

[88] A. Schumacher and H.-H. Harms. *Potenzial von Traktormanagementsystemen mit leistungsverzweigten Getrieben.* In: Hybridantriebe für mobile Arbeitsmaschinen, Universität Karlsruhe, pages 17-29, 2007.

[89] A. Schumacher, R. Rahmfeld, and E. Skirde. *Best Point Control - Energetisches Einsparpotenzial eines Antriebstrang Managementsystems.* VDI Wissensforum, 2010.

[90] H. Schwarz. *Einführung in die Systemtheorie nichtlinearer Regelungen.* Shaker, Aachen, 1999.

[91] J. Seeger. *Untersuchungen von Antriebsstrategien eines Traktormanagementsystems.* In Land.Technik 2000, pages 93-98, 2000.

[92] J. Seeger. *Antriebsstrangstrategien eines Traktors bei schwerer Zugarbeit.* PhD thesis, TU Braunschweig, 2001.

[93] J.-J. E. Slotine and W. Li. *Applied nonlinear control.* Prentice Hall, 1990.

[94] W. Söhne. *Die Kraftübertragung zwischen Schlepperreifen und Ackerboden.* In: Grundlagen der Landtechnik (2)1952, pages 75-87, 1952.

[95] A. Stephani. *Emergenz: von der Unvorhersagbarkeit zur Selbstorganisation*. Dresden Univ. Press, Dresden, 1999.

[96] P. Thiebes. *Hybridantriebe für mobile Arbeitsmaschinen*. PhD thesis, Karlsruher Institut für Technologie (KIT); Institut für Fahrzeugsystemtechnik (FAST), 2011.

[97] J.-U. Thoma. *Grundlagen und Anwendungen der Bonddiagramme*. Girardet-Taschenbücher, 1974.

[98] P. Trechow. *Digitale Landtechnik: Revolution ohne Volk*. In: VDI Nachrichten vol. 46, page 13, 2012.

[99] VDI-MEG(Hrsg.). *Land.Technik 2010*. VDI Verlag, Düsseldorf, 2010.

[100] VDI-MEG(Hrsg.). *Land.Technik AgEng 2011*. VDI Verlag, Düsseldorf, 2011.

[101] VDI-MEG(Hrsg.). *Land.Technik 2012*. VDI Verlag, Düsseldorf, 2012.

[102] T. Vollmer. *Kommunikation im Traktor (Diplomarbeit)*. Karlsruher Institut für Technologie, Lehrstuhl für Mobile Arbeitsmaschinen, 2012.

[103] M. von Hoyningen-Huene and M. Baldinger. *Tractor-Implement-Automation and its application to a tractor-loader wagon combination*. In: 2nd International Conference on Machine Control and Guidance, pages 171-185, Bonn, 2010.

[104] H. Wang, G. P. Liu, C. J. Harris, and M. Brown. *Advanced Adaptive Control*. Pergamon, 1995.

[105] C. S. Wasson. *System Analysis, Design and Development Concepts, Proinciples, and Practices*. Wiley-Interscience, Hoboken, NJ, 2006.

[106] K. Weicker. *Evolutionäre Algorithmen, 2. überarb. und erw. Aufl.* Teubner, Wiesbaden, 2007.

[107] O. Weinmann, M. Götz, T. Wessels, and F. Rahe. *Elektrizifierung eines Traktors mit Anbaugerät.* In: Land.Technik 2012, pages 45-50, 2012.

[108] E. Zahn. *Systemforschung in der Bundesrepublik Deutschland.* Göttingen, 1972.

Karlsruher Schriftenreihe Fahrzeugsystemtechnik
(ISSN 1869-6058)

Herausgeber: FAST Institut für Fahrzeugsystemtechnik

**Die Bände sind unter www.ksp.kit.edu als PDF frei verfügbar
oder als Druckausgabe bestellbar.**

Band 1 Urs Wiesel
**Hybrides Lenksystem zur Kraftstoffeinsparung im schweren
Nutzfahrzeug.** 2010
ISBN 978-3-86644-456-0

Band 2 Andreas Huber
**Ermittlung von prozessabhängigen Lastkollektiven eines
hydrostatischen Fahrantriebsstrangs am Beispiel eines
Teleskopladers.** 2010
ISBN 978-3-86644-564-2

Band 3 Maurice Bliesener
**Optimierung der Betriebsführung mobiler Arbeitsmaschinen.
Ansatz für ein Gesamtmaschinenmanagement.** 2010
ISBN 978-3-86644-536-9

Band 4 Manuel Boog
**Steigerung der Verfügbarkeit mobiler Arbeitsmaschinen
durch Betriebslasterfassung und Fehleridentifikation an
hydrostatischen Verdrängereinheiten.** 2011
ISBN 978-3-86644-600-7

Band 5 Christian Kraft
**Gezielte Variation und Analyse des Fahrverhaltens von
Kraftfahrzeugen mittels elektrischer Linearaktuatoren
im Fahrwerksbereich.** 2011
ISBN 978-3-86644-607-6

Band 6 Lars Völker
**Untersuchung des Kommunikationsintervalls bei der
gekoppelten Simulation.** 2011
ISBN 978-3-86644-611-3

Band 7 3. Fachtagung
**Hybridantriebe für mobile Arbeitsmaschinen.
17. Februar 2011, Karlsruhe.** 2011
ISBN 978-3-86644-599-4

Karlsruher Schriftenreihe Fahrzeugsystemtechnik
(ISSN 1869-6058)

Herausgeber: FAST Institut für Fahrzeugsystemtechnik